中国乡村建设系列丛书

把农村建设得更像农村

戴维村

柳建　著

江苏凤凰科学技术出版社

序

戴维村项目是继 2008 年汶川大地震之后，农道（北京）建筑设计事务所有限公司［以下简称"农道（北京）"］打造的另一个灾后重建项目，是雅安市灾后重建项目之一。戴维村，原名是邓池沟新村，由四川省宝兴县蜂桶寨乡的青坪村与和平村合并的村落，在邓池沟新址上完全新建。村庄的灾后重建由中国扶贫基金会牵头主持，由恒大集团资助，"农道（北京）"负责规划设计。

在整个项目中，"农道（北京）"作为一个执行单位来协助中国扶贫基金会。在建设过程中，扶贫基金会与"农道（北京）"的负责人多次探讨，以发展村委会经济为核心，村民以房屋和股份等形式参与其中。因此，项目的定位是以村委会为主体、村民参与的邻舍式灾后重建。

戴维村由两个村合并而成，村支两委产权不清晰，在建设过程中比较被动。项目主创设计师柳建负责设计主持工作，而我负责规划设计。给村庄取名时，我们想到"戴维"这个词。阿尔芒·戴维出生于法国，于清朝末期来到中国，作为一位朝廷命官兼天主教传教士在这里传教，并且把中国的大熊猫和麋鹿推向世界，在中国历史上意义非凡。而且，戴维本人对当地社会的影响甚大，很多村民信奉天主教。

戴维村的山上有一座教堂，在规划设计和功能使用方面极其完美，堪称中西合璧的代表作。在重建村庄之前，我们考虑基于教堂这一建筑元素进行改建，并在规划设计中予以强化，最终形成如今的建筑结构。戴维村原有的教堂建在山上，当地百姓做礼拜很不方便，于是，根据教堂的原有结构，将其缩小并设置在村中心处，打造一个集小型教堂和村民活动于一体的村庄活动中心。

这些建筑既表达了老百姓对戴维的敬爱之情，也体现了"西方文化和东方建筑相融合"的设计理念。正因如此，我们最终决定将此地命名为"戴维村"，意在纪念戴维所做的贡献。

戴维村的自然景观和人文资源非常适合发展旅游业。村头有一处特别好的水源，而如何把水源引入村中并使其贯穿全村，这便是规划设计要解决的一大问题。水的源头在天主教堂，当地人视其为"圣水"。最终，水系建设完全按照"乡村营造与自然融合"的原则，并保留了"水清"的特点。

此外，村庄的规划设计保留了四川尤其是川西地区的特色建筑，并加以改良，形成了"一宅两门"的方案（该方案在全国多地广泛推广），即一层是自住，二层供客人住，设计两个不同的入口，供房主和客人进出。这样的设计同时便于孩子长大后的家庭生活，年轻人住上层，老人住下层。

戴维村在中国扶贫基金会、恒大集团和北京市延庆区绿十字生态文化传播中心（以下简称"绿十字"）的支持下，成为雅安市灾后重建中最经典的案例之一，是一次灾后重建和农村旅游相结合、纯集体经济和村民参与相结合的伟大尝试，并且在规划、设计、治安、资源、文化等方面成为灾后乡村重建的代表作。

孙君："绿十字"发起人、总顾问，画家，中国乡村建设领军人物，坚持"把农村建设得更像农村"的理念。其乡村建设代表项目包括河南省信阳市郝堂村、湖北省广水市桃源村、四川省雅安市戴维村、湖南省怀化市高椅村等。

目 录

1 激活乡村

1.1 初识乡村

项目名称：四川省雅安市宝兴县蜂桶寨乡戴维村规划设计

项目性质："4·20"地震灾后重建项目

规划面积：4 公顷

项目位置：四川省雅安市宝兴县蜂桶寨乡

居住人口：42 户，168 人

项目时间：2014—2015 年

总体定位：灾后重建

1.1.1 项目概况

1）项目背景

2013 年 4 月 20 日 8 时 2 分，四川省雅安市芦山县（北纬 30.3°，东经 103.0°）发生 7.0 级地震。震源深度 13 千米。地震导致受灾人口 152 万，受灾面积 12 500 平方千米。项目所在地的宝兴县蜂桶寨乡距离震中仅 50 千米，震感强烈，受灾严重。

地震发生后，立即展开灾区救援及灾后重建，这是灾区人民不灭的信念，更是各级政府、各行各业乃至全国人民时刻牵挂的。灾后重建工作全面贯彻落实党的十八大精神，坚持以科学发展观为指导，充分借鉴汶川地震灾后恢复重建的成功经验，坚持以人为本、尊重自然、统筹兼顾、立足当前、着眼长远的基本要求，突出绿色发展、可持续发展理念，创新体制机制，发扬自力更生、艰苦奋斗精神，着力加快城乡居民住房恢复重建，提高群众生活质量；着力加强学校、医院等公共服务设施恢复重建，提升基本公共服务水平；着力加强基础设施恢复重建，强化支撑保障能力；着力加强生态修复和环境保护，促进人与自然和谐发展；着力发展特色优势产业，增强自我发展能力，重建青山绿水的美好新家园。

在灾后重建过程中，依据《宝兴县灾后恢复重建城乡体系规划（2013—2020）》的要求，蜂桶寨乡和平村、青坪村两个村庄中的部分村民搬离原址，合并成为一个新村，并且选址新建，按照"五新一好"的建设方向（即新房舍、新设施、新环境、新农民、新风尚，好班子）进行建设。

戴维村规划效果图

2）地理位置

新址用地面积约为 4 公顷，地处东西两侧山间的谷地，地势北高南低，平均海拔 1600 米左右，位于蜂桶寨乡政府东侧约 3 千米处，地处雅安市以北 80 千米处，西侧紧邻 15 米宽的邓池沟河，北侧有一宽 8 米左右的山间溪流，流向由北向南，径流量丰富稳定，河水流速大，径流主要由降水补给。蜂大路穿村而过，交通便利，南侧 5 千米左右处为蜂桶寨自然保护区，东侧 1 千米处为青坪村，北侧毗邻天池山庄度假村。

3）自然与人文概况

该地区气候属亚热带季风性湿润气候，冬无严寒，夏无酷暑，春迟秋早，四季分明。由于受山地海拔影响，垂直变化明显，具有亚热带到永冻带的垂直气候。年均无霜期 319 天，年均日照 789.4 小时。自然资源有茶、药材、果树、汉白玉等。村庄北侧 13 千米处的锅巴岩是一座洁白晶莹的玉石山峰，出产著名的"宝兴白"大理石。村庄南侧为面积 4 万公顷的蜂桶寨保护区，区内已知野生动物达 378 种。其中国家一、二、三级保护动物有大熊猫、金丝猴、牛羚等 30 余种；有各种植物 400 多种。东面邓池沟天主教堂始建于 1839 年，教堂的建筑风格独具匠心，属中西文化结合的文物。教堂占地约 5000 平方米，远视为中式民居四合院，主体为三层穿斗式木结构楼房，四周为石料墙裙，内部是全木材料所建的哥特式天花造型礼堂，建造极为精致。这里也是最早发现大熊猫的法国传教士戴维先生开展生物研究、传教和生活之所。1869 年世界上第一具大熊猫标本在此获得，现存于法国国家自然历史博物馆内。

4）交通及旅游动线

交通便利，蜂大路与 S210 省道相连，有利于发展旅游业。自然及旅游资源非常丰富，山峦起伏，植被茂密，河流蜿蜒流过，自然风光优美，空气质量良好，冬无严寒，夏无酷暑，适宜发展休闲度假旅游。所在的宝兴县是四川省十二个优先发展旅游的重点县之一，位于九寨沟→黄龙寺→红原→四姑娘山→夹金山→蜂桶寨国家级自然保护区→碧峰峡的旅游环线上，是四川西部生态旅游大环线上的重要部分，周边紧邻蜂桶寨国家级自然保护区及邓池沟天主教堂。

5）场地情况

选址用地内原有 3 户人家，其中有一户为饭店经营者，其余村民的经济收入主要依靠第一产业。村庄现有土地主要为耕地，还有少部分园地和水域，村民住宅用地集中在村庄南部，村庄北部有部分工业用地和闲置地。

现状用地平衡表

用地类型	用地面积（公顷）	建筑面积（平方米）	比例（%）
村民住宅用地	0.17	1300	4.25
工业用地	0.29	500	7.35
耕地	2.79	—	69.50
园地	0.21	—	5.30
闲置地	0.23	—	5.80
道路广场用地	0.24	—	6.00
水域	0.07	—	1.80
合计	4.00	1800	100

通过对青坪村、和平村以及新选址用地的仔细踏勘调研及农户走访，发现目前村庄存在一些问题。主要包括：村庄布局方面，村民住房分布零散、没有形成规模、建筑质量一般、特色不突出、村内缺乏公共服务设施和村民活动场地；交通方面，有蜂大路穿村而过、道路过直、不够美观、过境车辆对村庄的环境品质造成负面影响、没有停车场、不能满足村庄发展。

基于此，规划设计应该高效合理利用有限的土地资源，在灾后重建的同时保证生态环境不被破坏，既要满足社会主义新农村建设的总体要求，又要达到灾后重建的一些特殊标准，这就使乡村建设模式趋于多元化。因此，如何合理有效地设计规划灾后乡村建设是群众和政府以及诸多援建方共同关注的问题，也是谋求灾区乡村跨越式发展的一次契机，更是一项重要的民生工程。

1.2 总体定位

1.2.1 村民意愿

1）尽快入住

由于地震，导致村民自家原有的房屋无法居住，多数人住在周边的亲友家或临时搭建的棚子里。因此急需建造完善的居住设施，使得村民尽快入住，恢复原有的日常生活。

2）环境美观，房子漂亮

很多村民对即将开展的灾后重建满怀期待，原来的房屋是自发建造的，质量和外观参差不齐，现在由政府统一建造，在安全、美观、功能使用等方面将有极大的提升。

3）提高生活水平

在走访过程中，很多村民表示，地震过去了，政府帮助大家住上好房子，趁着这次重建，把家里家外收拾得干干净净、漂漂亮亮，以后开个农家乐或乡宿，接待外来游客，也能为家里多赚些钱，过上更好的生活。

1.2.2 政府意愿

1）尽早建成，尽快入住

灾后重建的期限要求非常严格，按预定要求，应首先保障百姓日常生活的各项配套设施投入使用。因此，政府部门严格把控项目时间及进度。要选择合适的建造方式，保证多数百姓满意，避免发生不必要的矛盾。规划设计不止美观，更要有可执行性。

2）体现灾后重建的新水准

通过这次灾后重建，打造一个理想的村庄，解决原有的基础设施不完备、卫生条件不齐全、道路不通畅等问题，全面改善村庄面貌。同时，灾后重建和美丽乡村项目建设同时进行，体现当地特色，一步到位，既满足生产生活的基本需求，又达到美丽乡村项目建设的验收标准。

1.2.3 规划设计意愿

1）满足各方实际需求

应满足村民和政府的意愿，找到最适合落地实施的方案。规划设计要因地制宜，以最小的投入，获得好的效果。

2）规划产业布局，为日后提高村民生活水平创造有利条件

通过合理规划，充分利用周边现有资源以及村民手中的资源，结合本村的实际情况，发挥产业优势，为村民日后增收、创收创造有利条件。

3）因地制宜，保持传统风貌

在项目建设的同时，结合原有的地形地貌，采用合适的规划布局，最大限度地降低造价和施工难度，并且找到最合适的建筑语言，彰显地域特色，更好地体现和传承川西民居的特点。运用传统材料和特殊的建筑符号，以确保延续当地特色文化。

2 重建戴维村

2.1 重建前的戴维村

从雅安市到戴维村是蜿蜒的公路，原本很方便，但由于地震后不久，很多路段出现山体滑坡，路上有钢棚防护，偶尔在路边还能看到滑坡中被砸毁的车辆。因此规划设计应首先考虑选址场地的安全性。新村选址在一片狭长的空地上。这片用地原本只有三户人家，其余部分都是长满自然植被的空地，再往外是山坡，山坡不是很陡，坡上遍布树木和野草，这些植物有助于固化土壤、保持水分。用地北面不远是相邻的村庄，一些村民开办了农家乐，经常有游客前来参观游玩。沿着路往山上走，便是大名鼎鼎的天主教堂了。

这里是大熊猫的发现地，县城里和沿路都有熊猫题材宣传标志，直到现在，村民偶尔还能看到野生的大熊猫在山林中活动。

地震刚过，在去往戴维村的山路上，还能看到路边被山体滑坡损毁的车辆

由于施工和山体滑坡，进村的公路经常一堵就是几个小时

受灾后和平村村口的标志

方案确定后，现场搭起了施工围挡

宝兴县地处川西的山林深处

全木结构的邓池沟天主教堂

天主教堂内部惊艳的哥特式天花板

来自法国的神父戴维

传统川西民居

15

当地村民的传统住宅里，卫生间
紧邻猪圈，猪在里面睡觉，外面
搭木头的部分就是卫生间

随处可见的熊猫题材宣传物及标志

蜂桶寨乡政府

现场调研

施工现场：挖基础

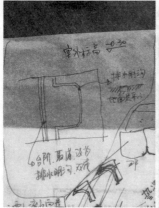 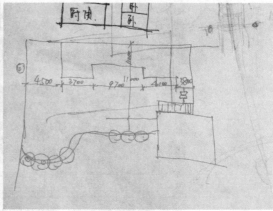

现场调整设计，随时画草图

施工现场：砌筑基础　　　　　　　施工过程中的现场会议

现场指导施工工艺细节的　　　　现场调整方案，画草图
工程师

主要墙体砌筑已完成

墙体砌筑已完成，准备建造屋面

墙体砌筑已完成，准备建造屋面

当地取材，现场加工

勤劳的村民

参与建设的人们

虽然遭受地震，但当地村民依旧热爱生活，在临时搭建的地震棚外还养着许多漂亮的花

新教堂主体工程完工

当地特有的屋面出挑做法

窗框细部

木栏杆细部

屋面已完成，结构主体完工

建筑施工已完成，正在进行景观施工

初步建成后的街道效果

2.2　重建后的戴维村全貌

重建后的戴维村，在新增房屋的同时，保留原有场地内的房屋，村内道路蜿蜒曲折，人们穿行其中，时而走在宽阔的广场边，时而走在潺潺的小溪旁，时而走在狭窄的街巷里，时而走在宁静的湖水岸。在绿树的掩映下，村北侧最高处一座教堂静静地屹立着，山间流下来清澈的溪水，穿过教堂，一路绕进村子，汇入村内的小湖面，再流经每一户房子的门口，最后汇入泛着蓝绿色波光的邓池河。湖中心的小岛上，丛丛翠竹碧绿，野鸭在这里安家，各种叫不上名字的水鸟经常飞来飞去。

村民在家里忙碌着，有的用玉米、辣椒装点自家房屋，有的上山采野花，种在门前的草地上，有的忙着准备特色香肠和腊肉，还有的三个一群，五个一伙在水边、在桥上聊天。游客来的时候，招呼并热情接待，住在自己家里；游客走的时候，一家人拉着家常，享受悠然的山间生活。

蜂大路上戴维村的入口大门

戴维村入口处，左面的道路为新修建的跨河道路，蜂大路在此处绕村而过；右面的小路是原来穿村而过的蜂大路，现在变为村内道路，并且控制机动车通行

入口处村标

入口村标及指示牌

村内各户均悬挂门牌号

农户门前带有村标的号码标志

新修建的绕村道路在村尾回归原蜂大路

村内标志

导览图和村庄简介

在山上俯瞰，上面的道路为新修建的绕村道路

村内路标

戴维村街景

从教堂位置看全村

28

戴维村街景

重建戴维村

把农村建设得更像农村

村内街景

村内广场

村内广场

人行的桥

接待中心外部水景观

游客中心外部水景观

游客中心门口平台

重建戴维村
把农村建设得更像农村

村内水景观

戴维村新教堂外景

接待中心

接待中心内的游客综合服务台

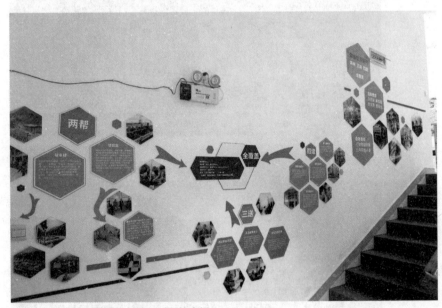

接待中心内墙上贴着戴维村建设过程的介绍

农户家里极具地域特色的室内装修

可通车的桥

3 乡村营造

3.1 设计思路

1）新村命名

新村选址确定后，需要一个村名，当时起了好几个，如"邓池沟新村""青坪－和平村"等，大家都觉得不太满意，最终决定叫"戴维村"，后来也称"戴维新村"。

在蜂桶寨乡乃至整个宝兴县，最具历史价值的物质文化遗产当属原邓池沟天主教堂，这个教堂位于新村选址用地的东侧，在宝兴县城以东 28 千米。教堂始建于清朝道光年间（1839 年），属于巴黎远东教会成都平安教区，法国生物学家阿尔芒·戴维神父于 1869 至 1872 年在此工作。此间，他主要致力于当

用地现场卫星图

地动植物的研究，其中最著名且对自然科学贡献最大的是他于 1869 年第一次发现并向世界介绍中国的大熊猫，采集的第一只大熊猫标本至今珍藏于法国国家自然历史博物馆。为了纪念戴维为自然科学做出的贡献，在庆祝中法建交 40 周年之际，政府特意修缮天主教堂并且建立戴维纪念馆。

在村中走访调研时，设计师发现这里的大多数村民信奉天主教，家里的正堂上通常张贴耶稣画像，所以这个新村以戴维神父的名字来命名是再合适不过了，一方面纪念他来此传教，另一方面突出这里大熊猫的主题，因此"戴维村"的名字很快被正式确定下来。

2）重建的顶层设计

（1）灾后重建与美丽乡村项目建设合二为一。

灾后重建的根本是在于受灾后通过恢复建设，有效保障灾区人民的基本生活。与此同时，党的十八大报告首次提出美丽中国这一理念，指明我国乡村建设方向。尊重生态文明的自然之美，树立尊重自然、顺应自然、保护自然的生态文明理念，建设可感知、可评价的美丽中国。美丽乡村项目建设与新型城镇化道路紧密联系，相辅相成，美丽乡村项目建设将从根本上改变农村社会的内涵，消除城市与乡村的差距，为新型城镇化进程的加速提供必要准备。美丽乡村项目建设是新农村建设的一个新阶段，是新农村建设的延续和提升，是各级政府破解村庄建设难题，推动村庄发展的重要行动。

中央连续数年的一号文件都是关于三农问题，"十一五"规划中更是将新农村建设提上日程，同时关于农村发展的相关配套政策也陆续出台。中央的支持不仅从现实利益上惠及了农民，也增加了村民乡村发展的信心。

因此，这次灾后重建同时是美丽乡村项目建设的一部分，这要求规划设计不仅要满足村民基本生活的需求，更应符合合理规划、环境优美、建筑风格独特的美丽乡村标准。

（2）规划重点：产业布局。

通过前期的走访调研发现，当地村民的收入普遍不高，除了个别农户有一些经营收入之外，多数农户的主要经济来源为传统种植产业。如果房子盖好了，村民的收入却没有增加，还需要依靠种植产业，那么这个规划就是不完整的，所以必须要依靠当地优势，找到最适合农户的产业。通过这次灾后重建，完善产业设施，为后期的经营创造有利条件，这是规划设计的本质。

在当地，发展旅游业是最合适的。一方面，周边拥有丰富的旅游资源，熊猫题材的旅游主题广受欢迎；另一方面，四川的旅游业发展得比较早，市场相对成熟，客户接受度非常高，具备良好的休闲旅游消费环境。

因此，在戴维村的规划设计中，旅游业作为村庄的支柱产业，后期的具体设计也围绕这个支柱产业展开。村庄总平面规划、农户的房型、室内空间以及景观环境设计均应纳入考虑范围，为日后旅游业的发展创造有利条件。

3）村集体经济的规划与运营

（1）成立村民合作社。

建筑、景观、室内等设计属于规划的硬件内容，规划建设不仅包括硬件，软件部分同样重要，成立村民合作社属于软件建设的内容之一。规划建设时，应同时考虑村庄的主要产业和后期的运营情况，这是获得成功的关键要素。

在戴维村的建设过程中，成立村民合作社，全体村民为股东，以外部资金作为合作社的启动资金。合作社可以通过合股的形式用这笔资金帮助农户建设。通过这种深度合作，农户和合作社捆绑在一起，后期便于统一管理、统一经营、统一分配，为戴维村的整体发展打下坚实的基础，避免各自为政、恶性竞争、经营品质不可控等各种问题。

建筑及景观环境属于外部资金投入，但村民必须有意识地参与其中，这样才能调动村民的积极性，让农村成为整个过程的主体而不是看客。因此，农户室内装修这部分的投入由农户和合作社共同承担，首先保证有足够的财力按照设计标准进行施工，不会因为造价而降低室内装修的品质；其次双方共同投资则可保证农户与合作社建立牢固的合作关系，后期按照出资比例分配经营收入。

戴维村的合作社运营近两年的时间，现已盈利并给入社农户分红。

（2）优化村委会作用。

过去有句话叫"皇权不下县"，即有些村里主要依靠宗族、乡贤和村民实行自治，现在村里有村委会和村支部，但有些村委会自身财力有限，带领大家致富有一些困难。戴维村在规划设计时充分考虑到这一点，在村里设置公共建筑，为村委会打造经营设施，在后期运营中可通过这些设施积累集体资金，从而实现全体村民更好的发展。

4）村庄规划布局

（1）道路的调整。

一开始做现场调研时，穿村而过的蜂大路是规划设计的一大困扰。这条路是通往山顶的唯一道路，每天有很多车辆经过。在最初选址时，一方面是因为山区可供选择的平地不多，另一方面估计还是沿用"马路经济"的一贯思路，所以选择这么一个被主要道路纵穿的地块。虽然沿用从雅安市到宝兴县一路都是这样布置在沿路两侧的村庄也没什么问题，但反复权衡后设计团队认为这样对于村庄的卫生、安全、舒适度会造成负面影响。既然设计团队力求要打造精品村庄，就要下定决心避免这些问题。所以，设计团队最终为这个村庄单独设计一条路，即蜂大路在村庄这里拐个弯，从新设计的公路绕一下，在村尾再绕回原蜂大路。这个大胆的设计令人兴奋不已，解决了前面担心的全部问题。同时，设计团队非常担心当地政府能否接受这个方案，毕竟这条新路是在邓池沟河另一侧山坡上，不仅需要挖山修路，还要修两座跨河大桥相连接，这项投资是计划之外的。好在宝兴县委县政府领导有远见、有魄力，采纳了方案，果断地修建这条新路。

现在戴维村已开业近两年，事实证明当时的决策是完全正确的，虽然有了计划外的一笔支出，但给村里带来的后期收益和给地方政府带来的口碑效应均远远超出村民的预期。

村外道路解决了，村内道路也要调整。设计团队对原有道路进行局部微调，在不过多增加造价的情况下，让村内道路变得蜿蜒回转、曲径通幽，这不仅增加了行进空间的趣味性，也让路边建筑更加错落有致。

（2）新村构思。

由于戴维村村民多数信奉天主教，加之紧邻东侧邓池沟天主教堂，设计团队决定让村子拥有一个专属于自己的小教堂，而整个村庄的规划设计从这个小型天主教堂——展开。

在用地北侧地势最高的位置建造一个小教堂，把山坡上的一条河分流至小教堂处，在这里形成一个水潭，水潭中的水经过教堂的后自北向南一路流下来，北高南低的地形使水体完全依靠重力流经大半个村庄后最终汇入西侧的邓池沟河，在村庄内部流经的水体被两端的闸门控制，闸门可以将水分流至村内或直接流入西面的河，有效地避免后期山洪水大而泛滥村庄的隐患。这条流经村内的小河时而宽似平湖，时而窄若小溪，时而平静，时而湍急，在河的上游到下游设置了形态各异的小桥和堰坝，全部村民住宅及公建分布在河岸两侧。

村子的重要节点自南向北分别设置停车场、入口村标、游客中心、村委会、小教堂等，村民住宅分别设置在其间。规划中，设计团队还特别注意各个房屋之间的间距，既要满足防火的间距，又不能过于散落，有的地方三五成组，有的地方蜿蜒而下，有的地方形成较宽阔的路，有的地方形成较狭窄的街，这种不同尺度带给人不一样的空间感受，让人在这里信步游走，充满趣味，丝毫不觉疲劳。

技术经济指标

技术经济指标项目	数量	单位
规划总用地面积	4	公顷
规划人口	168	人
规划户数	42	户

用地平衡表

用地类型	用地面积（公顷）
村民住宅用地	0.51
管理性、公益性设施用地	0.12
市场性设施用地	0.28（其中客栈为 0.22）
公用设施用地	0.02
道路广场用地	0.44
合计	1.37（不算垫高的客栈 1.15）

人均建设用地面积（平方米）　　　　86.70（不算垫高的客栈 72.78）
户均建设用地面积（平方米）　　　　326.19（不算垫高的客栈 273.81）

（3）因地制宜。

用地内高差变化比较大，南北100多米的距离差近15米，按照原先的设想，平整场地后进行建设，但即便场地内实现了土方平衡，产生的挖方和填方量非常巨大，而且很难处理好与周边道路的关系。最终，设计团队决定采用随坡就势的方法，场地基本不动，只是局部平整一下，房屋和水景观随地势而设，由此，坡地建筑形成独特的视觉效果，同时大大缩短了工期并降低了造价。

在原有用地范围内还有三户村民。规划设计时，为了避免拆迁所产生的矛盾，设计团队决定保留这三户人家，先把具体的位置落在图纸上，再摆上其他建筑，这样既减少政府的工作量，又保留这片土地的历史和记忆。后来周边房屋建成之后，这三栋房屋也进行外立面的粉刷，现在看起来，很难分辨出哪个是新建的建筑，哪个是保留的房屋。

5）建筑设计

这里的民居建筑属于典型的川西民居建筑，整体采用穿斗式木结构的形式，砖或石块砌筑维护墙体，屋面坡度缓，前后出檐深，避免雨水对墙体的侵蚀，屋顶架空，有利于通风。建筑多数依山而建，没有固定的朝向，主要朝向依据山形走势而定，建筑以单层、双层为主。建筑的体量不大，加之造价的限制，要想做出效果并不容易，所以必须反复推敲。设计团队一直寻找独特的建筑语言以及最合适的表达方式，最终在权衡利弊之后做出决策。

首先考虑结构安全，并兼顾造价和形式的要求，选择砖混结构，严格按照结构抗震规范的要求，采取相应的构造措施。外观风貌方面，保留了川西民居的屋顶形式和尺度，让人一眼看上去便知道是本地的房子；结合法国神父传教的人文历史，在房屋外立面上略加处理，局部山墙采用米字形交叉的木条造型，彰显川西建筑的特色。泥土色与白色涂料混合使用，配以木材质，营造浓郁的乡村气息，最终形成独特的建筑形式。材料方面，主要采用水泥砖、木材及涂料，就地取材，这样造价低、容易购买而且耐久实用，无须过多维护。房屋以两层带阁楼为主，首层及二层供主人使用，阁楼可作为民宿来经营。缓坡屋面、深远的出檐和外立面装饰体现穿斗式民居建筑的特点。

农户住宅主要有三种户型，分别是90平方米、120平方米和150平方米，在平面设计中，考虑到后期运营，部分户型将楼梯设置在室外，楼上的客人和楼下的主人，互不影响。同时，在二层及阁楼尽量设置室外晒台，丰富空间感受。后来的成功运营证明，当初的思路是正确的，客人和主人都非常接受这样的户型。

村内的公共建筑设计采用现代时尚的风格，外立面简洁、大方，内部以大空间为主，便于满足不同的功能需求。

6）景观设计

戴维村的景观设计突出自然风光，将活水引入村内，给村子带来活力。围绕水景观，在不同的位置设置广场、桥、路、坝、堰及观景台，曲折蜿蜒，移步易景，行走在这里的人可停、可走、可站、可看。村内的植物全部选用本地树种，成活率高，维护成本低。

7）室内设计

戴维村以旅游业为支柱产业，只有好的外部环境是远远不够的，室内空间的舒适度也非常重要。许多民宿之所以留不住客人，原因就是内部设施不到位，用起来不方便、不舒适。还记得第一次到村里调研时，多数农户的卫生间是旱厕，都在院子里，有的和猪圈在一起，要去卫生间，先要穿过一个猪圈。这样的民宿就算外观做得再好也不会有人来住。

这次灾后重建首先是要提升村民的居住品质，其次要发展产业、增加收入。因此改厨改厕是基本要求，每户农户的室内空间由旱厕改为水冲式卫生间，卫生间和厨房作为重点装修的部位，其次是客房。由于地处山区，购买不方便，因而很多软装通过网络进行采购。

8）标志、标牌系统设计

标志、标牌系统的设计是一个非常重要的环节，可以使整个村庄看上去更加富有活力、更加时尚。

首先，设计团队为戴维村打造了一个标志，这个图案可以让人们联想到村内的小教堂，再配上导览图、指示牌、门牌等，还有一些当地政府后期陆陆续续增加的其他元素。

店面招牌也很重要，戴维村的店招都是农户自己做的，他们外出参观，回来后用身边的材料制作而成，每一家都很有特色，主人对此颇感自豪，他们是发自内心地参与到全村的建设中来。

9）落地实施

戴维村采用政府统一规划、统一建设的方式，加之多数是新建房屋，所以建设速度较快。房屋施工主体为当地村民，一方面可以增加村民收入，另一方面减少粗制滥造的可能。为了避免不必要的麻烦，在建造过程中农户并不知道哪栋房子是自己的，统一建好后按照抓阄的方式确定房子的具体归属。事实证明这个方法非常有效，很好地避免了建造过程中因个别农户对整体规划的不理解而产生的矛盾。

10）运营模式

戴维村建成后实行统一经营的模式。由村里的合作社聘请经营管理团队，团队统一发布广告，把前来的游客分配给各个经营户，以此作为结算和年底分红的依据。

农户的收入除了以往传统种植收入之外，还有从合作社得到的分红。其分红主要包括四个部分：一是作为普通村民每年从合作社得到的分红；二是作为加入合作社的经营户每年取得经营收入的分红；三是作为日常服务的人员取得的劳动报酬；四是不参与具体经营只把房屋出租给合作社经营的农户每年取得的房租收入。

11）规划图纸一览

区位分析

对外联系

现状道路西侧

现状建筑

现状建筑与山体

现状道路东侧

现状砖制保留建筑

现状道路东侧

现状砖制保留建筑

现状木质保留建筑

村庄景观现状

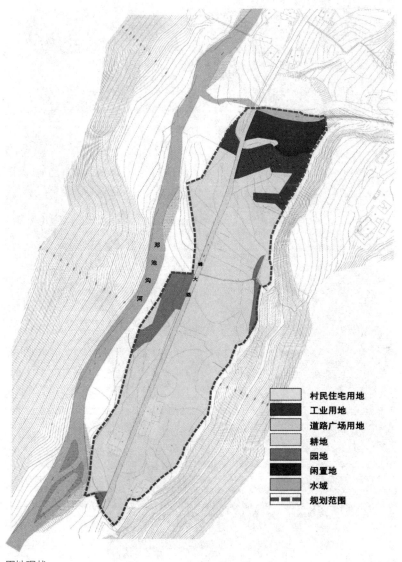

邓
池
沟
河

村民住宅用地
工业用地
道路广场用地
耕地
园地
闲置地
水域
规划范围

用地现状

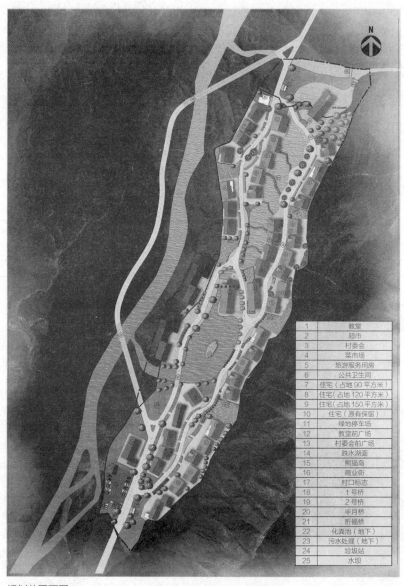

1	教堂
2	超市
3	村委会
4	菜市场
5	旅游服务用房
6	公共卫生间
7	住宅（占地90平方米）
8	住宅（占地120平方米）
9	住宅（占地150平方米）
10	住宅（原有保留）
11	绿地停车场
12	教堂前广场
13	村委会前广场
14	跌水湖面
15	熊猫岛
16	商业街
17	村口标志
18	1号桥
19	2号桥
20	半月桥
21	折福桥
22	化粪池（地下）
23	污水处理（地下）
24	垃圾站
25	水坝

规划总平面图

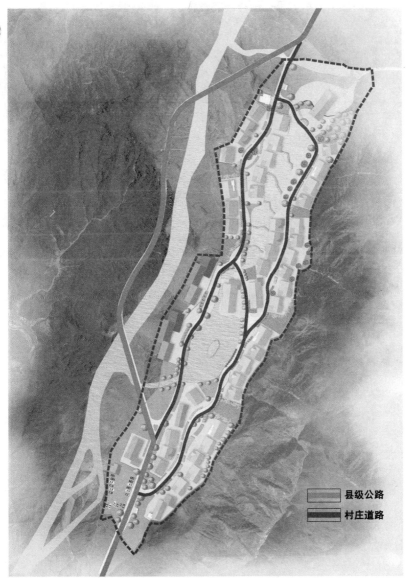

| | 县级公路 |
| | 村庄道路 |

规划后道路平面图

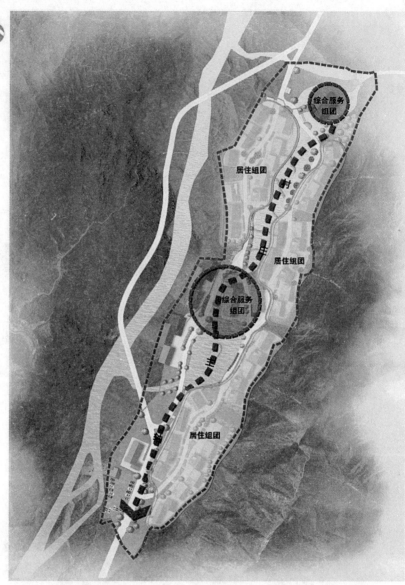

村庄规划空间结构分析

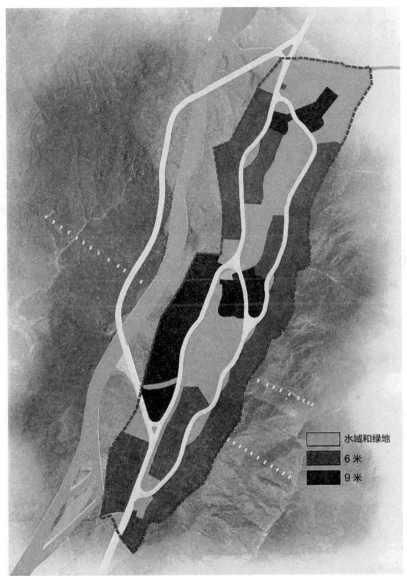

	水域和绿地
	6米
	9米

村庄规划建设高度控制

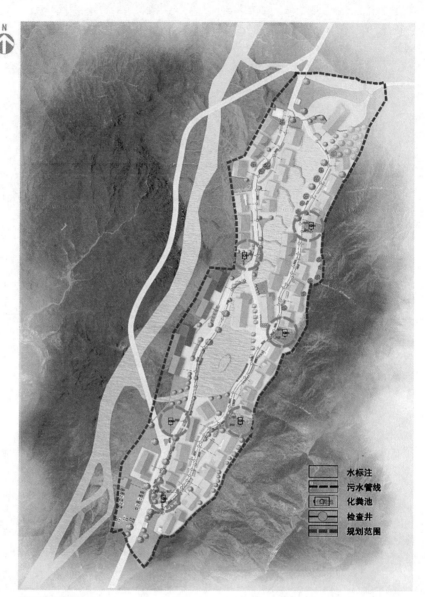

N

	水标注
	污水管线
	化粪池
	检查井
	规划范围

村庄排水规划

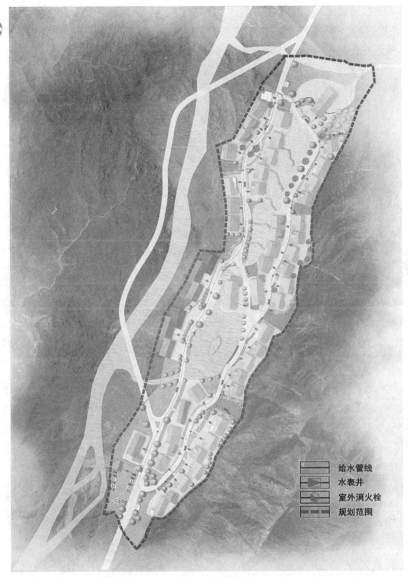

給水管線
水表井
室外消火栓
規劃範圍

村庄给水规划

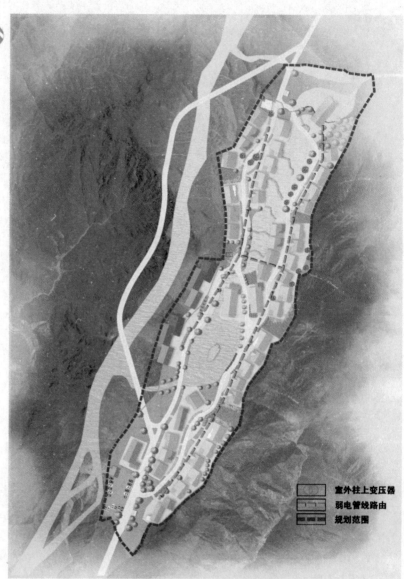

室外柱上变压器
弱电管线路由
规划范围

村庄电信规划

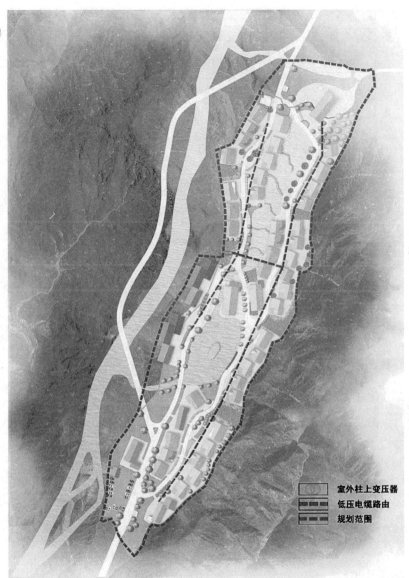

室外柱上变压器

低压电缆路由

规划范围

村庄电力规划

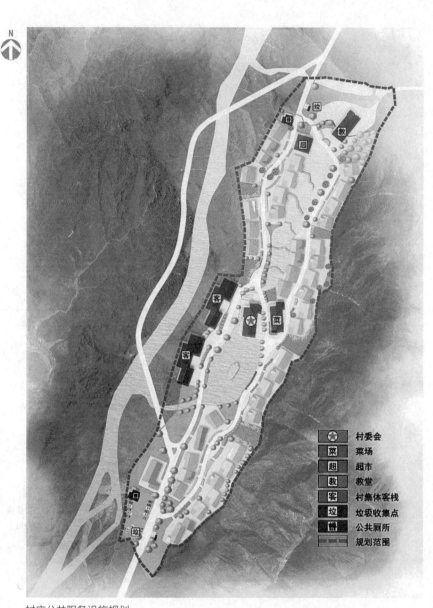

村庄公共服务设施规划

☆ 村委会
菜 菜场
超 超市
教 教堂
客 村集体客栈
垃 垃圾收集点
厕 公共厕所
▪▪▪ 规划范围

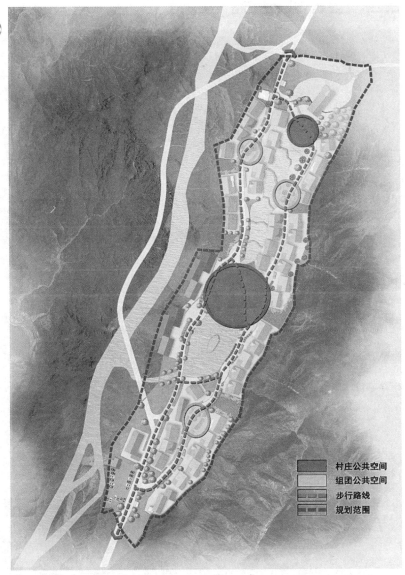

■	村庄公共空间
□	组团公共空间
▤	步行路线
▤	规划范围

村庄步行与公共空间系统规划

3.2　区域与空间

3.2.1　建筑体块模型图

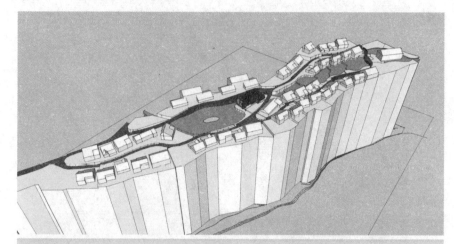

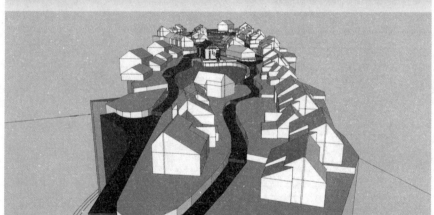

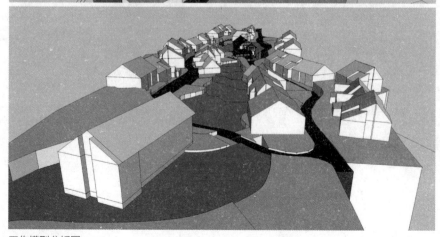

工作模型分析图

3.2.2 手绘图

手绘鸟瞰图

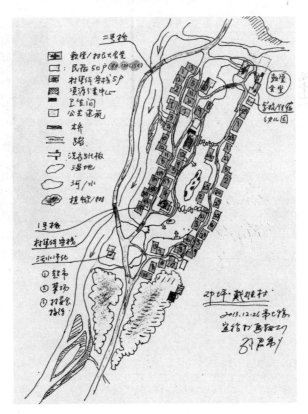

手绘总平面图

新村入口手绘效果图

中心水景手绘效果图

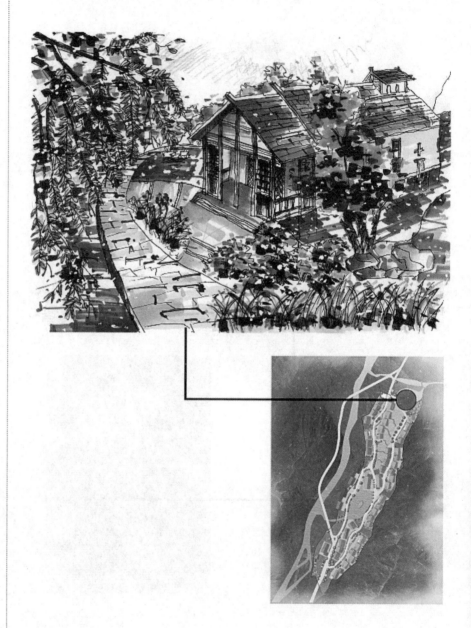

教堂手绘效果图

跌水水景手绘效果图

3.3 新式民房建筑式样

3.3.1 建筑图

1）农户住宅

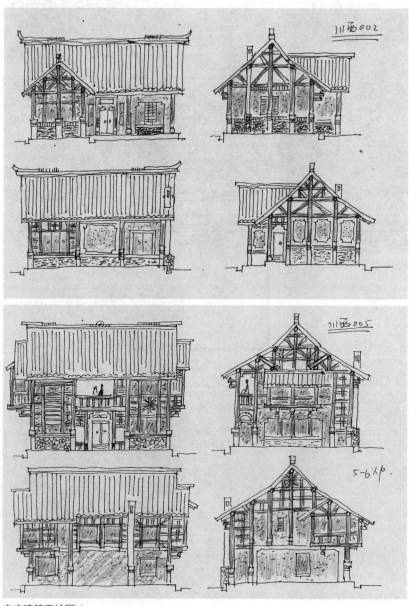

农户建筑手绘图 1

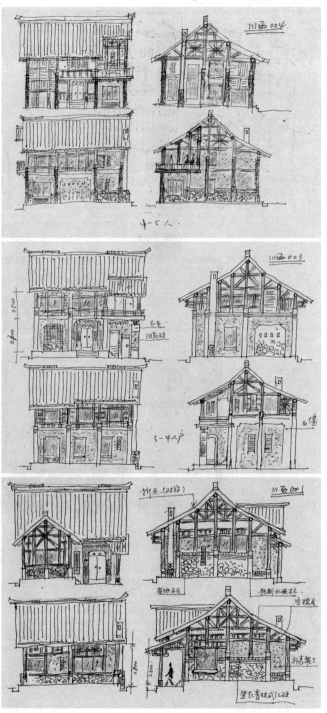

农户建筑手绘图2

2）90平方米户型

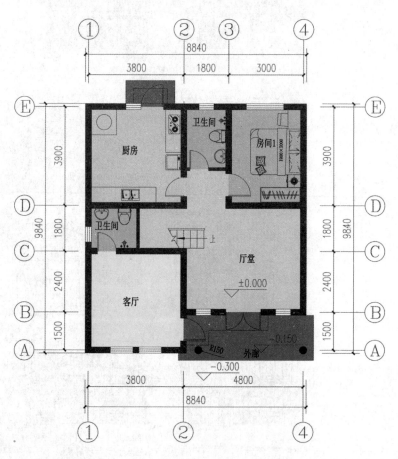

90平方米户型图1

注：本书中图纸尺寸除注明外，均以毫米（mm）为单位。

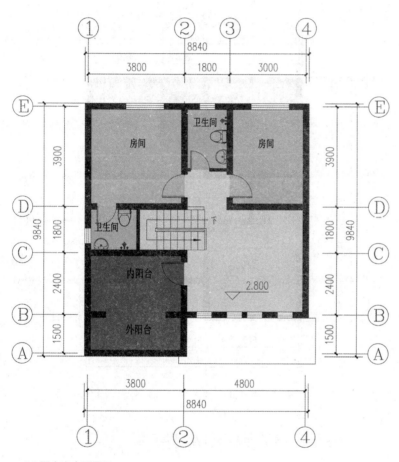

90 平方米户型图 2

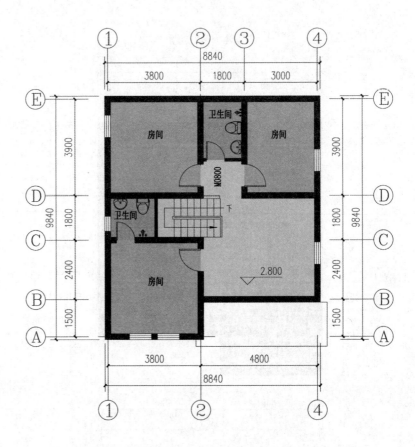

阁楼平面图（宅基地占地 90 平方米单层户型）

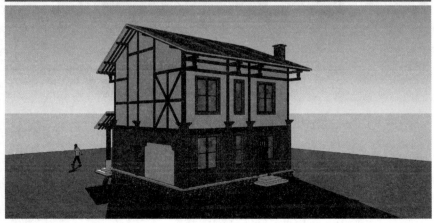

效果图

3）120 平方米户型

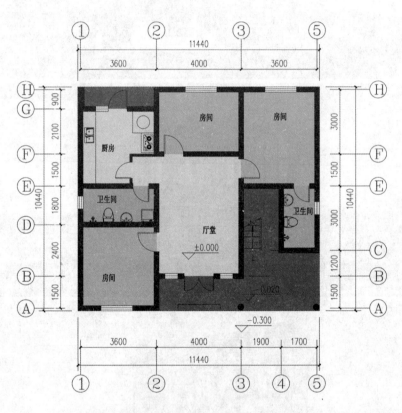

首层平面图（宅基地占地 120 平方米单层户型）

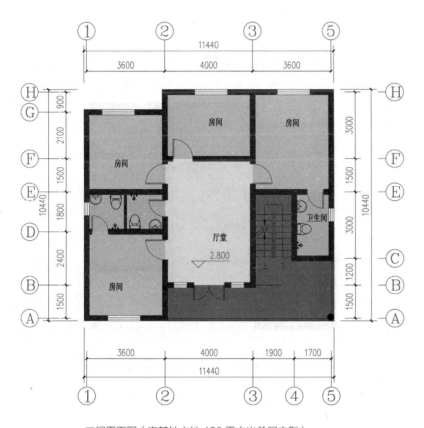

二层平面图（宅基地占地 120 平方米单层户型）

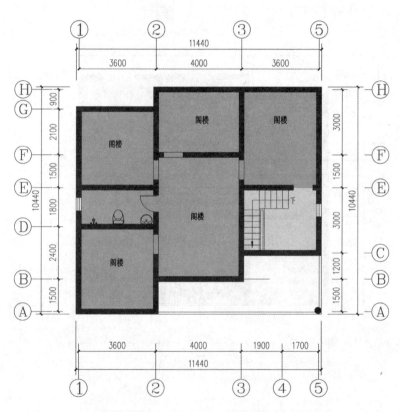

阁楼平面图（宅基地占地 120 平方米单层户型）

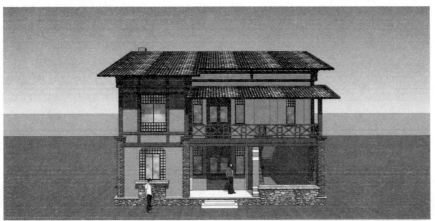

效果图

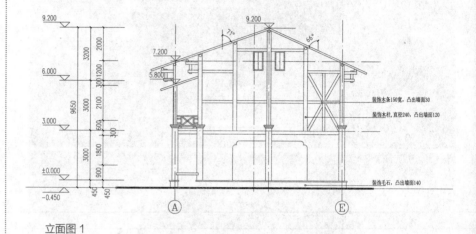

立面图 1

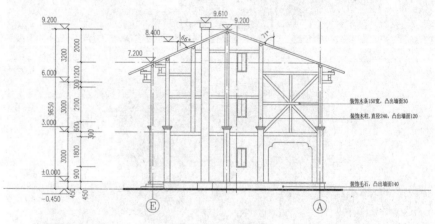

立面图 2

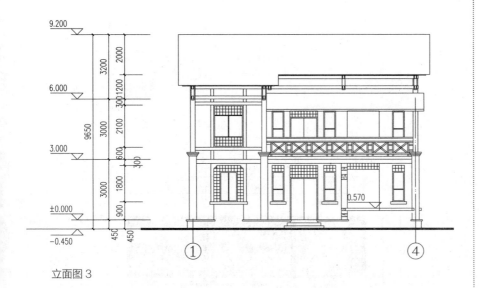

立面图 3

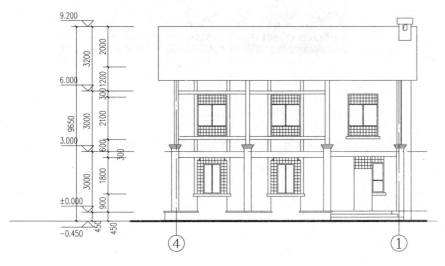

立面图 4

3) 150 平方米户型

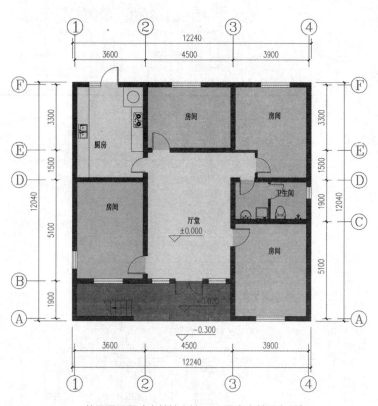

首层平面图（宅基地占地 150 平方米单层户型）

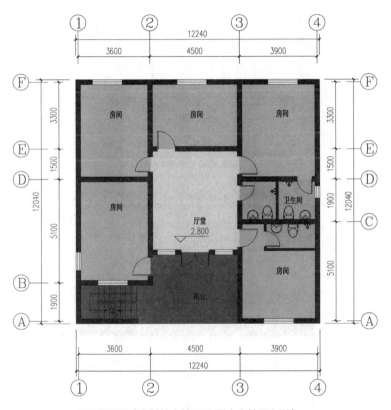

二层平面图（宅基地占地 150 平方米单层户型）

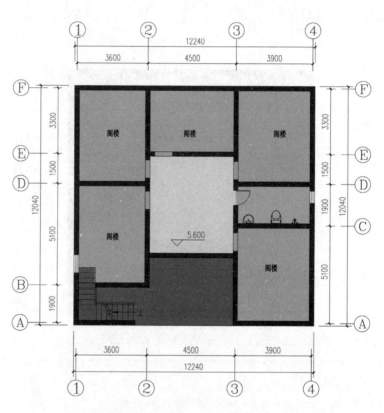

阁楼平面图（宅基地占地 150 平方米单层户型）

效果图

立面图 1

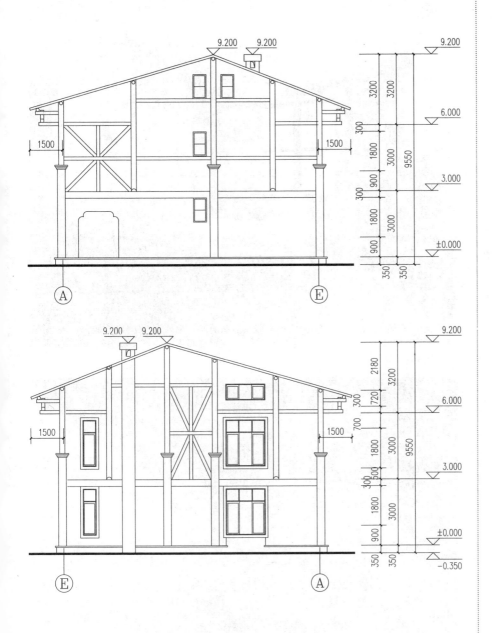

立面图2

3.3.2　室内效果图和实景

卧室效果图

客厅效果图

厨房效果图

卫生间效果图

卧室实景

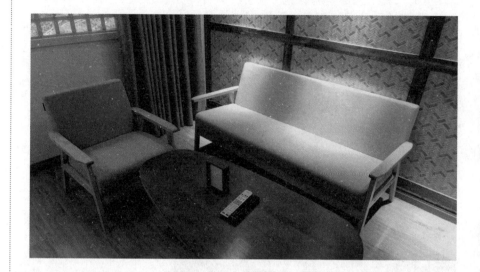

客厅实景

3.4 乡村公共建筑

3.4.1 村委会

村委会建筑效果图

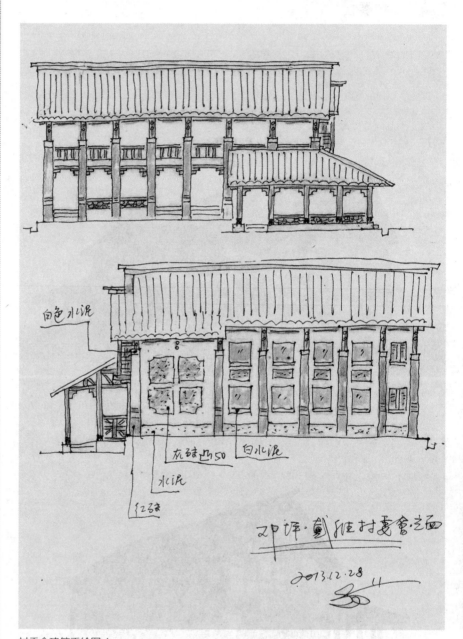

白色水泥

灰硅岩50 白水泥

水泥

红石头

邓坪·戴维村委会·立面

2013.12.28

村委会建筑手绘图 1

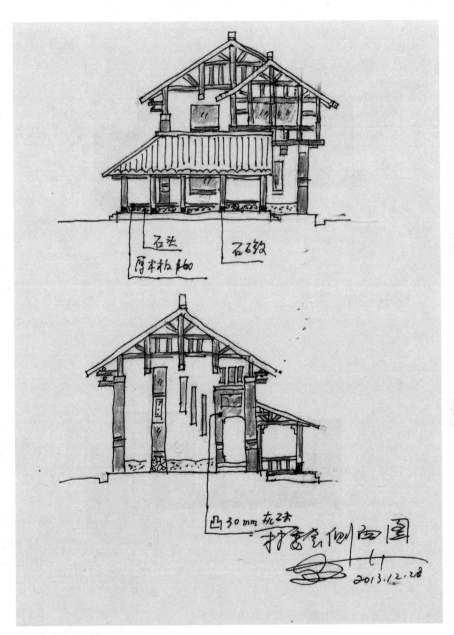

村委会建筑手绘图 2

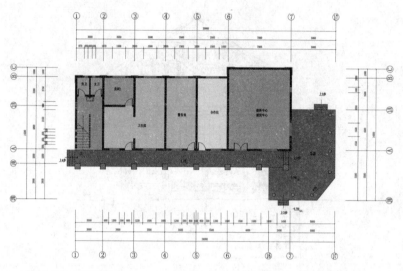

村委会建筑首层平面图

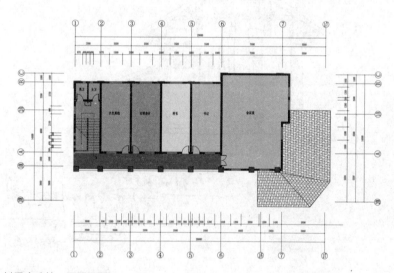

村委会建筑二层平面图

3.4.2 新教堂

戴维新教堂建筑效果图

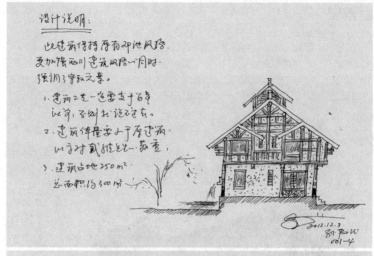

设计说明：

此建筑保持原有邓地风貌.
更加强西川建筑风格同时.
强调了宗教元素.

1. 建筑之艺一定要基于百年
让平. 百别起论石建去.

2. 建筑体量要大于原建筑
以表对戴维旅念尊重.

3. 建筑占地250m²
总面积约300坪.

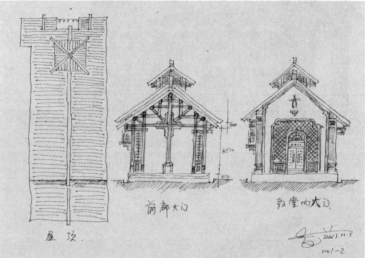

屋顶.

前廊大门

教堂内大门.

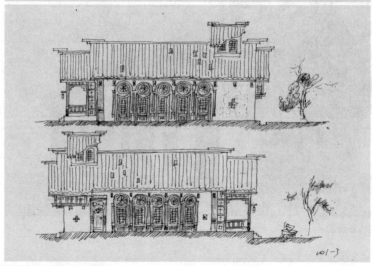

戴维新教堂建筑手绘图

94

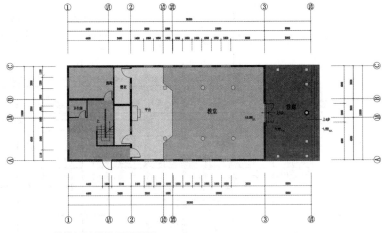

戴维新教堂首层平面图

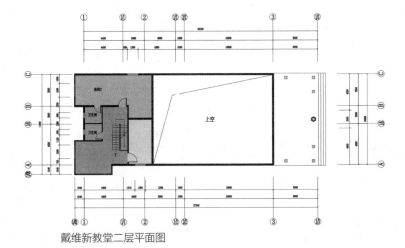

戴维新教堂二层平面图

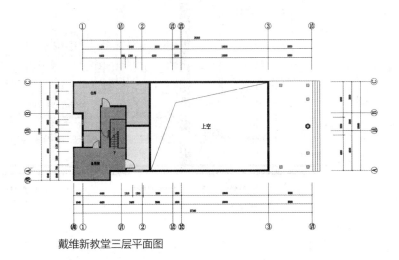

戴维新教堂三层平面图

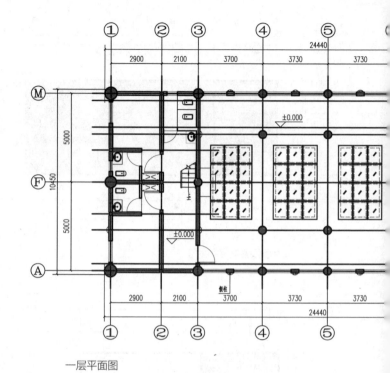

一层平面图

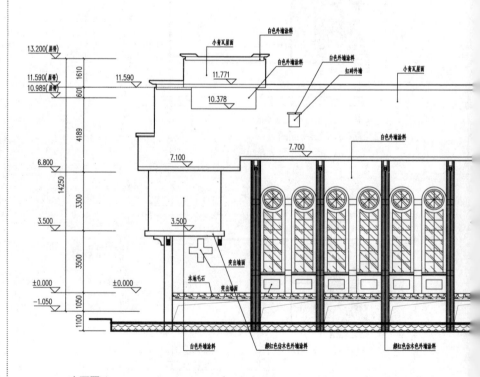

立面图 1

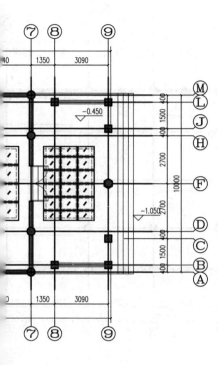

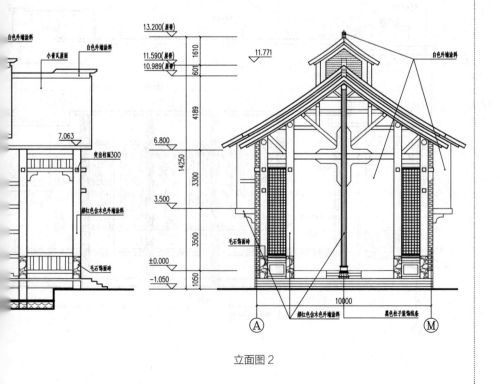

立面图2

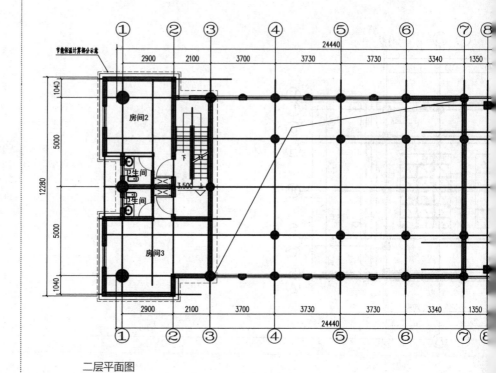

二层平面图

立面图 1

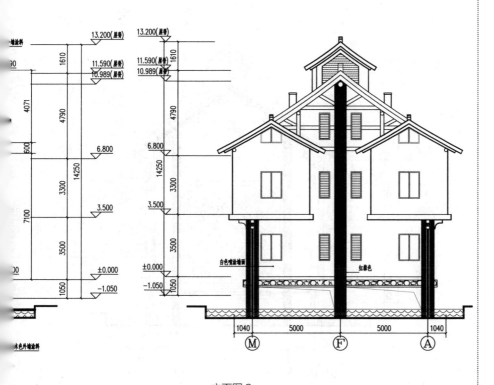

立面图2

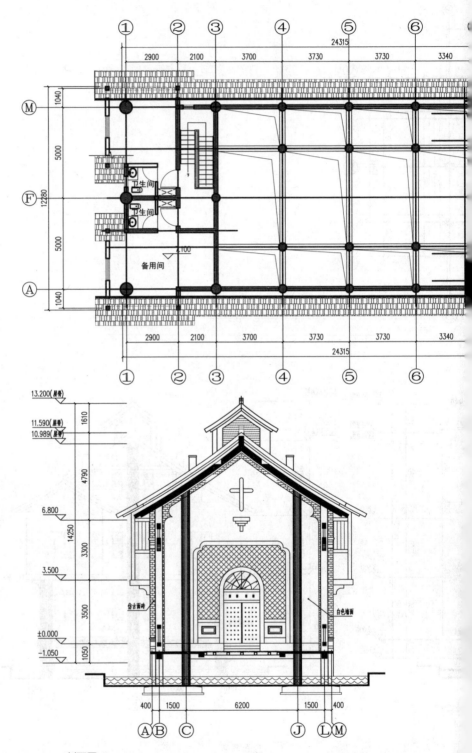

剖面图 1

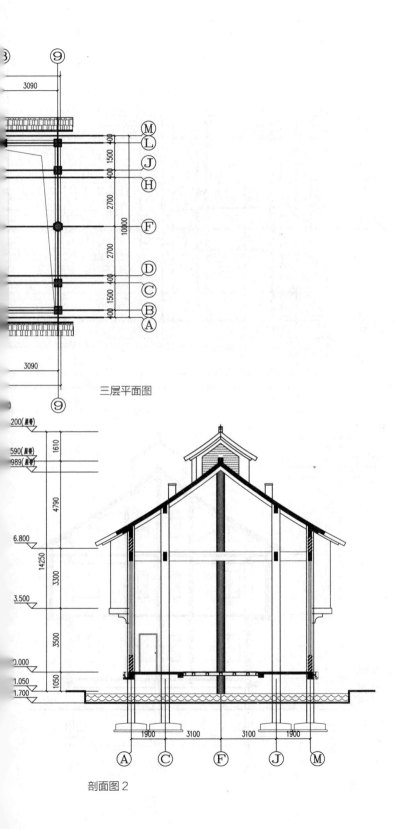

三层平面图

剖面图 2

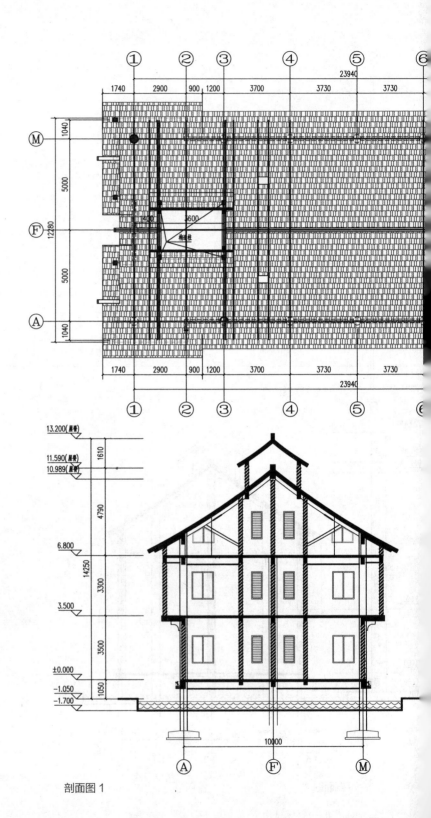

剖面图1

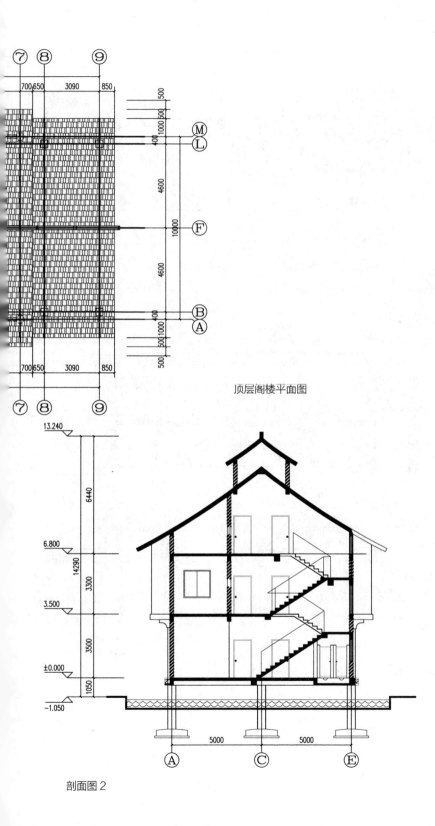

顶层阁楼平面图

剖面图 2

3.4.3 菜场

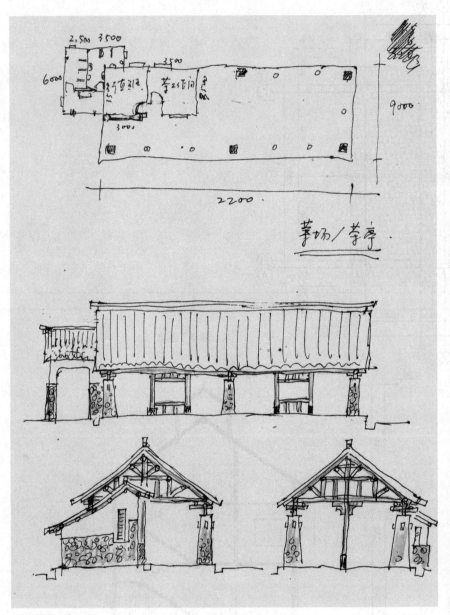

菜场建筑手绘图

4 手 记

4.1 设计小记

戴维村通过两年的建设、两年的经营，取得了显著的成绩，被政府及社会所认可，在这个过程中有艰辛也有喜悦，有经验也有教训。

1）前期调研很重要

这类乡村设计项目的前期调研是非常重要的，设计团队往往面对的不是一个使用方，而是每一户村民。调研过程中应深入了解这个地区特有的生活习惯、风俗传统，以及村民的自身情况与需求，设身处地地考虑问题，把自己作为使用者，这样做出来的设计才是接地气的、受欢迎的。

2）对生活的规划

规划设计并非简单地划分用地、盖房子，而是对当地村民的生产生活进行合理的规划，如何让设计更好地服务于村民，让村民过上更加舒适、高效、幸福的生活，这是规划设计的最终目标。

3）必须能够落地

有时现场情况错综复杂，设计受到很多约束，这需要设计团队想方设法确保设计能够落地实施。戴维村项目的前期设计工作只用了一个半月，后期近两年的时间一直是"陪伴式服务"，经常进行电话和视频沟通，前往现场，驻场设计，这一切旨在确保设计顺利地落地实施。很多方案的想法非常好，但实施起来可能很困难，最终只有调整方案。戴维村现在的样子便是两年期间设计、调整、再设计、再调整的结果。不过建成之后得到大家的认可，对一名设计师来说是最大的奖励。

4.2 设计访谈

4.2.1 采访政府官员

罗永康：时任蜂桶寨乡政府党委书记；熊枝洪：青坪村支部书记

作为亲历者，您觉得老百姓有哪些变化？

罗永康：首先，是思想方面的变化。在项目建设初期，村民并不十分支持，说到底还是"资金投入"的问题。他们担心房屋建设费用投入过高，加上装修费，经济压力大，对前景持怀疑态度。在建设过程中，因为一些个人利益，阻工现象比较严重。我们不断地组织宣传活动，安排村民外出学习。渐渐地，村民转变了思想，对项目建设表示理解和支持，因此，工程建设相对顺利。其次，是经济发展方面的变化。据我了解，小区建成后，在政府机构及中国扶贫基金会的宣传推介下，大力发展旅游业，民俗旅游从无到有，村民得到了实惠。大多数农户的收入比较可观。最后，是环境卫生方面的变化。生态环境和卫生条件明显提高，倡导健康的生活习惯，村民的生活质量逐步提高，干净、整洁的村庄环境随处可见。

在项目实施过程中，遇到了哪些问题和困难？

罗永康：主要有三个困难。一是灾后重建与民俗旅游之间的矛盾。重建有时间、质量等要求，遵循特定的程序，而民俗文化的打造需要精雕细琢，不能急于求成，有些地方甚至出现"做完发现不理想而需重做"的情况，因此压力很大。二是规划设计与施工之间的矛盾。规划、设计与具体施工有所差异。需要进行各方面协调。三是部分村民的思想不够先进，不够解放。发展民俗旅游，村民没有足够的经济支撑，对发展前景持怀疑态度，有诸多方面的担心，做通村民的思想工作需要足够的耐心和时间。

还有什么遗憾，或者有哪些构想未能实现呢？

罗永康：如果说有遗憾的话，那就是新村与熊猫文化相融合还有很长一段路要走。新村的发展需要对村民做大量的思想工作和宣传推介，以及硬件设施的投入。建设相对容易，发展与提升却很难，但我相信，有大家的关注，有县委县政府的关心和支持，有邓池沟老百姓的维护，一定能够大获成功。

现在回顾一下，您认为规划设计好在哪里？

罗永康：我个人认为，规划设计是成功的，真正体现了乡村特色，有三大特点：一是引入水景，有水就有灵气，而且这里的水景是生态水景，与大自然和谐地融为一体；二是将熊猫元素和天主教元素融入项目建设，彰显该地区的文化底蕴；三是市政建设和风貌有机结合，在理念上突出乡村的古朴，真正体现浓浓的乡村风。

在项目规划设计过程中，政府机构与设计团队如何交流？规划设计在乡村建设中起到什么作用？

熊枝洪：新村共有 42 户，其中 39 户是重建户，另外 3 户属于拆迁户（拆除原来的房子，统一修建）。孙君老师的设计团队针对这 39 户的具体房型进行规划设计。当地百姓对房屋的基本设计非常满意。建成之后，大家对房子的装修风格也很满意。截至目前，房屋入住率为百分之百，20% 左右的房屋用于经营农家乐。村民自己当老板，不亦乐乎。

新房屋的基本模式和原有房屋有很大区别吗？

熊枝洪：大多数村民从周边搬过来，现在的房子比以前好很多。

规划之初就打算以后经营农家乐吗？当地百姓是否认可这种想法？

熊枝洪：是的，项目之初的前三年，其中第一年针对商业经营做了具体的规划。村民非常认可这种想法。最初有十四户参与合作社，分摊一半儿的装修费，目前资金已到位。后来加入的农户，分成降低了，不是五五分成。

最开始盖房子是基于政府灾后重建的财政拨款吗？

熊枝洪：新村中，39 户重建户和 3 户拆迁户享受政府的财政拨款。所有工程以及基础设施的建设由政府出钱。这是一个主体工程，修缮后的整体风貌由政府统一打造。在新建房外观方面，政府出资三万元，中华扶贫基金会出资两万元。室内部分是村民自掏腰包。

戴维村的特色之一是天主小教堂（戴维新教堂），村民全都信教吗？

熊枝洪：全村约 1800 人，有一些村民信奉天主教，约占 65%。

这个小教堂中，每周都有教会活动吗？

熊枝洪：是的，每周组织活动。

项目实施耗时多久？直到建成，包括十几户村民加入合作社并且开始经营，总共用了多长时间？

熊枝洪：两年多。修建快的房屋，一年半可入住；修建慢的房屋，两年多可入住。2016 年 9 月 27 日试运营。

这两年，大概有多少外地游客来这里旅游？合作社或村组织有没有确切的统计数据？

熊枝洪：村办公室有相关的统计数据。2016 年 9 月至 12 月，合作社的总收入约为 30 万元。从 2016 年 9 月 27 日试经营，实际上就是三个月。

2016 年 10 月至 12 月，天气很冷，但试运营过程中聘请了专业的运营团队，对村民进行指导。三个月收入非常可观。此外，还搭建了一个宣传平台，负责推广宣传。

这个团队现在还在这里吗？

熊枝洪：这个团队已经圆满完成任务了。之前，中华扶贫基金会直接派人过来，专门负责经营。现在，聘用两位专职工作人员负责运营，其他全是本村的村民。

合作社对游客是否进行统一的接待，并且统一分配房子？

熊枝洪：这方面现在已形成一套统一的规定，即预订房间的团体游客由合作社和工作人员统一安排餐饮事项。如果是散客，合作社负责联系住宿事宜，餐饮问题根据游客的需求而定。

地震之前，村民的年收入大概有多少？

熊枝洪：人均六七千元。现在，餐饮业务经营良好的商户，人均年收入超过两万元。其他商户的人均年收入差不多一万元。

经营民宿，平均投入有多少？

熊枝洪：25 万元左右。经过两年的时间，有几户村民的民宿经营得有声有色，已基本收回成本，包括装修和房产投资。

设计师团队在戴维村驻场、施工，持续了多久？

熊枝洪：驻场时间不长，但经常往来项目工地。最开始，设计师经过中华扶贫基金会的介绍，住在山上，便于沟通，往来于各个项目工地，以便全面地掌握项目环节的各种信息。

4.2.2 采访设计师

戴维村是灾后重建项目，和其他乡建项目最大的不同或难点是什么？

柳建：我认为，戴维村与其他项目的最大不同之处在于其责任重大。当地村民因遭受"4·20"地震而失去家园，住在地震棚里。规划设计的宗旨是为村民重建家园，在满足村民基本生活需求的同时，让他们重燃生活的希望，增加信心。这个家园要比原来的更加美丽，让村民觉得日子更有奔头。针对各家各户，让村民看到未来，在就业、收入、生活品质等方面有大幅提升。因此，戴维村项目的要求非常高。

另外，该项目的难点在于时间紧张。留给我们的时间非常短，要在最短的时间内确保受灾群众尽快入住，这是我们面临的最大难题。其他项目多是"一户一户慢慢去做"，而该项目中所有人都在等，盼着赶紧入住。而且当时马上要迎来严冬和年底检查，这也是一大难点。

戴维村是两个村子合并再加上原地的老住户集合而成，面对重建的时间要求，如何组织和协调各方关系？

柳建：我们在这方面的经验比较丰富。首先，在规划设计方面减少矛盾。老住户能不动就不动，如果需要拆掉则进行劝说。如果牵扯到赔偿，那么项目周期便更长。因此，尽量避免矛盾，不要给自己找难题。其次，两村合并主要通过政策宣讲和软件培训，动员当地村支两委和老百姓，调动他们的积极性，各个部门相互配合。再次，主要依靠当地政府协调各方关系，包括各项资金的分配和政策的倾向，确保在既定的时间内完成重建任务！

新村选址是政府主导，设计团队做了哪些规划设计？在地震高发区，针对地理位置、抗震要求以及村子后续人口增长、规模扩大做了哪些考量？

柳建：新村选址由政府主导。规划设计中，我们在选址方面并没有给出太多意见，接到任务时选址工作已完成。现场全是大山，平地很少，只有这一块地是平地，没有太多的选择余地。另外，当地地震频发，最重要的是防滑坡和山洪。外部环境中有泄洪沟，同时为了避免滑坡，房子的位置应当与山坡保持一定的距离，在局部要设置防滑坡的挡墙。该项目并非针对整个村落，而是让两村搬出来的部分村民居住于此，算是个小组或居民点，设置时已确定几十户人家。村庄自然发展，后期可能向其他地方安置人口，或在附近地势相对较缓、有利于盖房子的地方选择新的安置点。

这个项目是灾后重建和美丽乡村并举，发展目标是乡村旅游。然而，戴维村的基础设施比较薄弱，规划设计时对未来的发展做了哪些考量？通过哪些举措来实现前两年盈利的目标？截至目前，实现了多少？

柳建：戴维村有其自身优势，只是之前没有被发掘出来。这里虽不是旅游目的地，但村庄及周边很多点位在整条旅游线路上。宝兴县周边的旅游资源很丰富，戴维村有教堂，附近有熊猫乐园，有利于发展周边游。村庄可以作为一个落脚点或一个小型集散地。从建成后的经营效果来看，这个定位是正确的。

总的方向确定以后，在重建时要按照建设旅游集散地的要求，考虑村庄规划和房屋本身的设计，比如，比较鲜明的外立面形象和美丽的村庄景观，让人过目不忘、流连忘返。房屋设计方面，应当为将来的农家乐经营做打算，比如，二层用于经营，一层自己住，那么楼梯设置在外面，方便客人直接上二层，与一层自用互不干扰。此外，40多个重建点之所以脱颖而出，与之前的产业布局密切相关，戴维村的整体设计，从环境景观、建筑到功能设计，均为产业布局奠定了良好的基础。很多其他项目的设计人员到戴维村参观，回去以后发现无法复制，这是因为当地的房子就这么小，设计之后没有利用的可能性，自己家住的地方还很紧张。

"两年盈利"是我们设定的一个目标，到目前为止，确实实现了盈利，但盈利水平与后期经营关系密切。本村人自己经营，无须太高的工资，如果村中没有合适人选或还没有培养出这种人才，需要聘请外面人来经营，人力成本随之增加。

这里的道路、交通、大市政等都是新建的，如何在新建设施与保护自然环境之间取得平衡？如何在整体规划设计的前提下，考虑效果和成本因素？

柳建：这块地是一块平地，新建道路、景观和市政设施是必需的。自然环境方面，尽量维持原状，比如地势地貌、水系的走向、植被等尽量不动，尽量不劈山。这里原是一片荒地，在施工过程中，增加绿化面积，赋予周边的野生动物充足的生存空间，这也是一种保护措施。

效果和成本，有时这两方面会相互对立，关键是如何平衡。该项目主要通过就地取材和减少外购来降低成本。另外，减少开发量，地势北高南低，相差大约 10 米，如果按照正常的思路做平，那么土方量巨大，同时与周边环境不协调。因此，我们因地制宜，利用坡地，虽然增加设计的难度，但同时为场地增加很多趣味，这也有助于后期旅游业的发展。

戴维村是川西风格的民居和统一户型的设计，如何与旅游接待、产业发展相结合？

柳建：设计师做项目就害怕设计对象没有特点，而川西民居的风格很明显，比如坡屋面、局部架空、副檐比较深等，规划设计要保留风格特征，彰显地域特色，增添趣味性，这样有助于发展旅游业。戴维新村的户型设计分为三种：自住型、餐饮型和住宿接待型，这是基于人口数量、功能使用需求和发展旅游业所做的设定。

戴维村的景观似乡村似景区，如何满足村民的生产生活需求？

柳建：相较于重建之前，现在的规划设计有助于满足村民的生产生活需求。原来院落比较大，堆放很多杂物。现在基本上取消了院落，每户前方是由篱笆和绿植围合的院落，但没有硬性的围墙。这因为整个山区用地非常紧张，安置人口较多，不太可能像原来那样有大片院落。村民必要的生产生活需求，比如晾晒，通过小区集中的公共绿地、公共硬化来集中完成。此外，道路设计旨在让农用小车辆顺利地到达家家户户的门口。同时，我们改造了上下水，卫生间和厨房均设置在屋里，相较于原来的旱厕和厨房，可以节约用地。

居住条件改变了，生活方式改变了，增加了全新的业态经营，成就了现在的乡村生活。

戴维村项目建设动员全体村民参与其中，如何保证规划设计思路落地实施并妥善地控制施工质量？

柳建：村民参与重建家园非常有意义，在建设时会非常用心。想着将来自己住在这里，责任心就会很强。很多村民擅长施工，对房屋质量进行很好的把关。期间，应当给村民普及一些专业知识，确保他们能够理解规划设计的思路，比如为什么在这里种树，为什么在那里供水等，这样村民在心中便画出一张张美好的蓝图，有效地推动整个村庄的建设。

据了解，雪山村和戴维村都是"农道（北京）"所做的项目，雪山村实行统一的运营管理，而戴维村没有统一的运营管理，或者说还远远不够。在规划设计时做了哪些考量？针对运营管理问题，规划设计做了什么？

柳建：在规划设计时无法完全解决运营管理的问题，只能说预留一些空间和可能性。雪山村和戴维村都出自我们之手，项目成功与否，最关键的因素是人。在规划设计或后期软件培训方面，设计团队仅仅起到推动、协助的作用，并非本体，主体是村民、村支两委、村合作社等。具体经营成什么样子，要靠每一位村民的努力。规划设计不是万能的，各个村庄的情况不一样，经营管理的模式及其细节，比如服务是否周到，应当具体问题具体分析。

从规划设计到施工建设，有多少次调整、修改？从建成到现在，后续有持续性的服务（陪伴式服务）和推进步骤吗？

柳建：戴维村项目前期进行得比较顺利，从方案构思到图纸完成，大概修改了三次，主要是户数和景观设计方面的调整。从项目建成到后期服务，需要大约一年半的时间。期间我们不断地前往现场，听取当地村民的意见和建议，确保项目尽快落地。此外，与不同的参与建设方沟通，他们各自承担不同的工作，比如基础、外管线、墙身、屋顶、外部风貌、景观营造、后期种树、室内装修等。因此后期的沟通和服务是非常重要的。

4.3 媒体报道

　　戴维村自建成以来，社会反响良好，很快被确定为雅安市灾后重建模范典型，来参观的人多了，来玩的人也多了。在网络上除了多家媒体进行报道之外，很多游客也撰写游记、散文、攻略等，提高了戴维村的知名度，起到了很好的宣传效果。

【脱贫典范】三年打磨
——邓池沟新村民宿旅游掀开面纱，惊艳示人

时间：2016-10-08

来源：中国扶贫基金会官网

　　2016 年 9 月 27 日，由宝兴县人民政府、中国扶贫基金会和中国恒大集团联合主办的"邓池沟新村民宿旅游开业仪式"在宝兴县邓池沟新村举行。中国扶贫基金会会长段应碧、中国扶贫基金会秘书长刘文奎、中国扶贫基金会副秘书长王军、中国恒大集团四川公司董事长时守明、四川省政协第十届委员会副主席解洪、四川省扶贫基金会会长翁蔚祥、雅安市委常委及市总工会主席徐其斌、雅安市政协副主席及宝兴县委书记韩冰、宝兴县县长余云峰等领导及媒体代表出席，共同见证"重建 + 旅游 + 扶贫"创新精准扶贫模式的建设成果。

　　美丽乡村——恒大邓池沟项目是中国恒大集团定向捐赠 1000 万元进行灾后援建且由中国扶贫基金会组织实施的项目。开业仪式上，为感谢中国扶贫基金会、中国恒大集团等社会组织和企业的关心支持，树立感恩、自强、自治意识，由雅安市宝兴县委副书记、县长余云峰主持，邓池沟福民专业合作社理事长乔显红作感恩发言；雅安市政协副主席、宝兴县委书记韩冰，宝兴县委常委、县纪委书记伍雅鸿代表宝兴人民向中国恒大集团、中国扶贫基金会赠送了锦旗。邓池沟福民专业合作社理事长乔显红、监事长熊枝洪向中国恒大集团赠送纪念盘。

回顾重建征程，共睹旅游扶贫之路

　　"4·20"芦山强烈地震发生后，邓池沟青坪村、和平村道路中断 9.5 千米，塌方 20 余处，造成 86 户房屋受损，新增 9 处地质灾害点，危及 250 多名群众生命财产安全，须新址重建。震后全村群众虽积极自救，但由于地质灾害频繁，治理难度极大，当地村民收入较低，重建工作较为困难。中国扶贫基金会联合

宝兴县人民政府尝试将灾后恢复重建与发展相结合，依托世界第一只大熊猫科学发现地和第一只大熊猫模式标本产地的金字招牌，引入乡村"扶贫＋旅游"的理念，于2013年12月使用中国恒大集团的捐款、政府配套资金启动美丽乡村邓池沟新村项目的建设。2015年年初，完成项目村选址，编制完成两个村庄的整体规划；2015年12月底，邓池沟新村全面完成基础设施建设、村庄民居建设、公共服务建筑设施建设；进一步完善了村庄合作社的制度建设，提升了合作社的管理能力。

美丽乡村——恒大邓池沟项目是中国扶贫基金会依托十余年社区扶贫经验，立足生态资源，以"重建＋旅游＋扶贫"创新扶贫模式推进精准扶贫。在中国扶贫基金会和当地政府、村民和社会企业的良好合作下，以及众多社会力量的参与下，经过三年多的建设，初步建成了村民自主管理和经营的"合作社"，充分利用当地生态环境大力发展民宿旅游等产业，提升区域可持续"创富"能力，并通过合作社的收入分配机制，实现全村共同发展。目前，邓池沟项目形成了以大熊猫科学发现地和百年天主教堂为主题、以户外游览为重点、以精品民宿为特色的旅游产业格局。

开启营业模式，共话合作共生之道

美丽乡村——恒大邓池沟项目坚持"政府主导、群众主体、社会参与"的原则，构建专项扶贫、行业扶贫、社会扶贫"三位一体"的大扶贫格局，在重建新村里先后投资运营民宿旅游、乡村餐饮、休闲娱乐等产业，由全村村民自主决策、管理和经营，邓池沟的这一模式开创了灾后重建与扶贫致富相结合的新型脱贫发展之路，成效显著。

开业仪式上，雅安市委常委、市总工会主席徐其斌表达了对中国扶贫基金会和中国恒大集团的感谢和敬意，从感恩、珍惜、奋进的角度，对邓池沟新村的成果表示认可，并且对村庄未来发展给予了坚定的信心。

四川省政协第十届委员会解洪副主席以红军长征精神为切入点，表达了对新村未来发展的殷切希望，希望新村的模式为其他贫困乡村、为扶贫攻坚提供可复制、可借鉴的经验。

中国扶贫基金会秘书长刘文奎在表达对中国恒大集团，省、市、县、乡各级政府，专业团队以及邓池沟全体群众感谢的同时，回首了新村建设的日日夜夜，从蓝图规划到一砖一瓦，以合作社为基础，以合作、共生为内核的重建历程，通过扶持组建乡村旅游合作社，全村户籍村民共同持股，享有社会捐赠资源投入乡村旅游资产的收益权；设立公积金和公益金，兼顾持续发展与建档立卡贫困户的特别扶持。三年模式探索的成果来之不易，坚信只有合作，才能赢得更多的支持；只有合作，村庄才能获得可持续的发展。

中国恒大集团四川公司董事长时守明表示，邓池沟需要大家共同维护、共同经营，未来恒大将给予邓池沟人才培训、管理经营、宣传拓展等资源支持，为村庄的发展注入更多的活力。

三年坚守磨一剑，新村开业共发展。邓池沟民宿旅游开业仪式的举行，标志着邓池沟民宿旅游正式开门营业，将以全新的面貌迎接各方游客。邓池沟的美好未来，由我们一起见证。

旅游扶贫更精准发展红利人人享
——宝兴县邓池沟新村民宿旅游开业见闻

时间：2016-10-08

来源：雅安日报

2016 年 9 月 27 日，宝兴县蜂桶寨乡邓池沟新村，一场隆重的民宿旅游开业仪式在这里举行。此次活动，不仅吸引了多位知名人士和爱心企业家参加，更吸引了十余家省市级媒体关注。

一个新村的民宿旅游开业仪式，为何吸引如此多人关注？

答案就在邓池沟新村的"重建＋旅游＋扶贫"的新型精准扶贫模式上。已历经三年重建并最终胜利完成重建目标的雅安人对这一模式并不陌生。

如今，发展再建的号角已经吹响，精准扶贫持续深入。在雅安，已然或正有更多在重建过程中建起的美丽新村，走上了依托重建成果和乡村旅游特色产业的幸福大道，为实现脱贫、奔康、致富而不懈努力。

旅游扶贫初见效

此次民宿旅游开业仪式举办的所在地——邓池沟新村，占地约 5.5 公顷，是我市灾后恢复重建中着力建设的众多新村聚居点之一。穿过仿古城门而建的门楼，新村入口处的一处绿地中，标志栏上"感恩因为有你心存感激"的字样清晰可见。

感恩，是始终贯穿雅安灾后恢复重建中一股源源不断的清流。

如今，在这样一座由内至外满怀感恩之情、美如公园的新村，参加象征着群众从此走上小康大道的民宿旅游开业仪式，不少与会嘉宾感由心生："三年前重建伊始来到雅安、来到宝兴时，无不百废待兴，而今三年已然过去，作为雅安重建的见证者和参与者，与这里的群众共品今日的幸福，我们万分激动。"

对于与会嘉宾的这些感慨，邓池沟新村的村民坚信不疑。

按照安排，此次民宿旅游开业仪式专门设置了 9 月 27 日上午 9 点参观邓池沟景区（含新村）的活动事项，但在 9 月 26 日下午抵达后以及次日早上活动开始前，不少与会嘉宾早已难耐等待的"煎熬"，或独自漫步，或三五成行，呼吸着清新纯净的空气，如在公园般感受新村的美丽，如在家中般与村民拉家常。

幸福、美丽！谈及在邓池沟新村的观感，谈及雅安重建后的其他新村，与会嘉宾们给予了大大的"赞"字。

同样令人感到欣喜的还有雅安在"重建＋旅游＋扶贫"这一新型精准扶贫模式中取得的累累硕果。

以邓池沟新村为例，该项目从重建伊始便始终坚持"政府主导、群众主体、社会参与"的原则，构建了包含专项扶贫、行业扶贫、社会扶贫在内的"三位一体"大扶贫格局。

三年后的今天，美丽的新村不仅发展起民宿旅游、乡村餐饮、休闲娱乐等产业，更是在各级党委、政府的大力支持下，在社会公益力量、爱心企业的共同参与下，初步构建起以村民自主管理和经营的富民专业合作社，不断提升可持续"创富"能力。

正如宝兴县邓池沟富民专业合作社理事长乔显红所言，经过前期富有成效的试运行，此次邓池沟民宿旅游在雅安重建后的首个国庆节前正式开业，进一步把新村群众以新家为新业、足不出户奔康致富的梦想变成现实。

邓池沟群众的梦想已然变成现实，这样的幸福感和获得感同样在雅安的众多新村中不断延伸！

民宿旅游富村民

截至目前，邓池沟新村已加入合作社开展民宿旅游接待的农户共有15户，实际拥有接待床位150余个，同时拥有5家餐馆，游客日接待量达到2000余人。

"新村内共有42户村民，没有加入合作社或没从事旅游接待的村民，能否享受发展的红利？"乔显红给出的答案是肯定的！"新村民宿发展旅游接待，离不开全体村民的同心协力，'军功章'也有他们的一半。"

宝兴县首个开展民宿旅游所在地雪山村的村支书李德安对于邓池沟新村民宿旅游的正式开业感到欣喜万分："一个人富不算富，一个村富也不算富，只有更多的村落依托旅游富起来，才能算真正的富！"

如其所言，在各级党委、政府的科学引导下，越来越多的新村尝到了乡村旅游发展的甜头。

幸福总是相似的。随着 2015 年 8 月我市脱贫攻坚战役打响，旅游新村中的"新"字也不再局限于重建后的新村。

位于夹金山下硗碛藏族乡的嘎日村，在脱贫攻坚中整村纳入建档立卡的贫困村。如今，通往该乡的国道 351 线第六标段建设大功初成，昔日作为牧场路的道路提档升级为直通达瓦更扎观景平台的景区公路，该村的特色民宿旅游已准备就绪。

2016 年 7 月，一次有关旅游的传统村落改造在这里拉开。相隔两个月，不少居所洋溢着更加浓厚的传统老藏寨的味道。

"发展不能脱离实际，嘎日村底子薄，打造大型藏家乐并不现实。"嘎日村村主任阿生说，民宿旅游以户为个体，不仅正好与嘎日村实际情况相符合，也契合当下自驾旅游游客们的"胃口"。

"赶考"仍在路上，发展未有穷期。中国扶贫基金会秘书长刘文奎曾说："乡村旅游，虽成果颇多，但更多困难随着发展不断涌现，唯有坚定前行，才能为早日实现共奔小康这一目标奠定更加牢固的民生基础。"

"邓池沟戴维旅游新村"的前世今生

时间：2016-01-19

来源：四川新闻网

在"4·20"芦山强烈地震灾后重建中，"邓池沟戴维旅游新村"诞生。这个村以熊猫文化为元素，也是针对雅安市宝兴县蜂桶寨乡和平村和青坪村39户受灾群众的重建聚居点，村名命名为纪念法国动物学家和植物学家阿尔芒·戴维而新建。不过，本文中的"邓池沟戴维旅游新村"不仅包含这个新村聚居点，更涵盖灾后重建的宝兴县邓池沟旅游风景区。未来，更加兴旺的"邓池沟戴维旅游新村"必将吸引世界各地更多的游客前来旅游观光、体验熊猫文化。

2015年9月8日，时隔一年，再次来到这个闻名于世的地方——邓池沟。邓池沟之所以闻名，是因为阿尔芒·戴维在这条峡谷东坡的箭竹密林里发现了一只大熊猫，并将其制作成动物标本展示给全世界，这成为宝兴县是熊猫老家的物证。在这条沟里还有一座川西地区保存完好的天主教堂，戴维当年在这里进行科学研究、传教授课和生活。如今，教堂的主要部分被用作宝兴大熊猫文化戴维陈列馆。

"4·20"芦山地震重创邓池沟，在党中央、国务院和各级党委、政府的关怀下，宝兴县委、县政府精心规划，致力于建设一个更加幸福美丽的新村——戴维旅游新村。天主教堂周边环境也被纳入扩建规划，在距离教堂大约2千米的高山密林中建起了熊猫家园——宝兴县大熊猫文化宣传教育中心，三位一体的重建模式，为宝兴灾后重建再造一个旅游风景区——邓池沟戴维旅游新村风景区打下坚实的基础，邓池沟戴维旅游新村让世界更加瞩目。

一座纪念丰碑：独具特色的戴维旅游新村

从国道351邓池沟沟口，往东北方向进入蜂大路，大家的眼球被崭新的旅游公路吸引。以前4米多宽的碎石路，现已拓宽成8米多的沥青路，公路护栏上体现熊猫文化的宣传牌，提示人们将进入一个美丽的生态文化风景区。司机说，这是宝兴县目前最好的乡村公路。其实，这段路并非乡村公路，而是蜂（宝兴县蜂桶寨乡）大（芦山县大川镇）路的一部分。这条路的修建改变了多年来邓池沟有世界级的旅游资源却没有世界级的旅游公路的交通瓶颈。

经过十多分钟的路程，来到戴维旅游新村——宝兴县蜂桶寨乡青坪村与和平村新村聚居点，这个新村正好在前往邓池沟景区的必经之路上。在灾后重建的规划设计中，宝兴县委、县政府从全县发展战略布局"全域景区化"的大局观出发，为推进灾后重建和经济社会全面协调可持续科学发展，充分发挥"这里是世界首只大熊猫发现地"这一无法复制的优势，大手笔地打造戴维旅游新村，以建设农旅结合幸福美丽新村为切入点，将熊猫文化、历史记忆、地域特色、民俗文化等相互融合，着力打造看得见山、望得见水、记得住乡愁的新型旅游乡村社区，并以此纪念戴维为宝兴人民和科学研究做出的重大贡献。

进入戴维旅游新村，一眼就看见铭刻在大理石上的"戴维旅游新村"红色铭文、整洁干净绿意盎然的街道、独具特色的戴维广场以及即将交付使用的新建房屋，贯穿整个新村的水景观也已进入精细打磨阶段。戴维广场周围那一栋栋用"泥巴稻草"抹墙的全新独栋小楼是新建的居民房；那些由新村内部延伸的小路尽头则是一个个精致的入户小花园。

正当大家对新村内的文明宣传标志标识、文化院坝、水景公园、小桥流水、翠竹园林赞不绝口时，闻到了不知从哪家村民房屋内飘出来的宝兴老腊肉香味。村民们很热情地打招呼，他们对新居非常满意，"好看，有特色！""这一生都没想过住上这样的小洋房。"

据宝兴县蜂桶寨乡负责人杨明申介绍，"4·20"地震造成青坪村、和平村大部分房屋均严重受损，需重建81户267人（青坪村67户228人，和平村14户39人）的住房。其中，在聚居点安置39户，占重建总户数51.85%；安置168人，占受灾总人数的25.97%。采取统归自建的方式，实行"统一规划布局、统一自主管理、统一功能配套、统一协调指导"的建设模式。目前，新村风貌和基础设施建设全部完成，具备入住条件。2014年4月初，当地政府和中国扶贫基金会主导的"戴维旅游新村"灾后重建项目正式启动，旨在以戴维曾经工作过的天主教堂和附近新建的一个"熊猫园"为中心，推动当地以家庭旅馆为主的旅游服务业发展。

新村地处山谷谷底平缓地带，被村民们称为"上河坝"，39座三层民居依次排开，面积从90平方米到150平方米不等，赭红外墙，乌青砖瓦，兼具家庭旅馆功能。村民们建立了自建委员会，从重建细节着手，保留古风。"虽是新村，我们还是希望它有老家的特色。"青坪村支书熊枝洪说。基于这种"让农村更像农村"的理念，所有新居室外装饰木板、阳台栏杆都取材自村民自种的香杉木。有些房屋的门窗还采用了类似于教堂穹顶式的装饰，这正是取自当年戴维所建教堂的异域元素。

2016年国庆节，戴维新村已经成为一个热闹的旅游景点。游客在小桥流水边摄影，在村子里的公园内荡秋千，部分村民的旅馆开始对外营业。"这是在大城市无法享受到的浓浓乡村风。""这里山美、水美、新村美，比城市公园的空气新鲜多了！"还有客人说："今年红叶节，来这里旅游的客人肯定更多。据说，好多客人通过网络和手机早早地预订了客房。"

一座珍贵的文化遗址：让你了解熊猫发现的过程及保护熊猫故事的教堂

到邓池沟戴维新村旅游，除了响当当的戴维新村，还可以参观设在天主教堂里的戴维大熊猫文化陈列馆。陈列馆里有戴维的生平介绍、大熊猫的发现故事、大熊猫抢救的非凡历程。整个陈列馆突出大熊猫文化主题，纪念戴维对大熊猫的发现以及这一发现对世界自然科学史的贡献。

陈列馆分为陈列室、起居室、工作室和标本陈列室，采用文字叙述、实物和照片等形式予以呈现。

天主教堂位于邓池沟石龙门山腰的二级台地上，距县城28千米，海拔1750米，始建于1839年，主建筑为中西合璧的四合式三层穿叠梁10度防震木结构建筑。教堂正面矗立10根直径为70~80厘米的大柱，有容纳500余人的门廊，大门高昂宽阔。进门后庭院左、后侧分布58间厢房。整个建筑既有中国民间建筑特色，又颇具古罗马拜占庭式建筑风格。

法国杰出的生物学家戴维于1869年来到宝兴县，是该教堂的第四任神父。他于1869年在教堂附近发现了大量不知名的野生植物，并采集到如大熊猫、金丝猴、绿尾虹雉、珙桐树等数十种动植物标本，带回巴黎进行展出，引起全世界的轰动。许多标本至今还存放在法国国家自然历史博物馆中，因此这座地处四川西部山区的宝兴邓池沟天主教堂闻名于世，并已成为宝兴对外开放的旅游景点，每年吸引大量熊猫迷前来探访。

法国人阿尔芒·戴维（Armand David），法国巴斯克人，天主教遣使会会士、动物学家和植物学家。曾被法国天主教会派到中国，在中国内地的三次科学探险之中，最著名的便是在宝兴县生活科考阶段对大量植物及其生态环境的科学描述。在这里，他发现了大熊猫、金丝猴、珙桐等物种，取得了一系列科学成就。在收集的杜鹃花之中，有不少于52个新品种，在收集的报春花之中，大约40种是当时未知的，还有中国西部山区蕴藏的未知植物，数目更加可观。这些标本大都送回了法国。

1869 年至 1872 年，戴维在宝兴县发现了数十种可命名的动植物模式标本：除了大熊猫和川金丝猴外，还有牛羚、鬣羚、短尾猴、亚洲黑熊、绿尾虹雉、雉鹑、朱雀以及许多种鹛类鸟。此外，他对宝兴县的植物和昆虫进行了研究，并于 1877 年出版了《中国之鸟类》（两卷本），轰动科学界。

1869 年 2 月，戴维来到穆坪，在当地向导的领引下，戴维翻越大翁岭，来到邛崃山脉中段一个叫"邓池沟"的地方。就在戴维来到邓池沟的第 11 天，他在上山采集标本回来的路上被一个姓李的人家邀请做客。在这家里，他看到一张从未见过的黑白相间的兽皮，个体相当大，是一种非常奇特的动物，他几乎本能地意识到这可能是一个重大发现。

在接下来的日子里，戴维焦急地等待当地猎人带回来他所热切期待的动物。由于这种动物闻所未闻，他临时取名为"白熊"。12 天之后，猎人带来一只幼体"白熊"。又过了一个礼拜，猎人又带回一只同样的动物，只是黑色不那么纯，白色部分也比较脏污。戴维确定这是一个新的物种，并命名为"黑白熊"。

戴维把"黑白熊"送达巴黎展示后，立即引起轰动。人们从兽皮上看到一张圆圆的脸，眼睛周围是两圈圆圆的黑斑，就像戴着时髦的墨镜，居然还有精妙的耳朵、黑鼻子、黑嘴唇，这简直是戏剧舞台上化装的效果，太不可思议了。直到 1870 年，米勒教授发表题为《论西藏东部的几种哺乳动物》的文章，认为"黑白熊"虽外貌与熊很相似，但其骨骼特征和牙齿与熊有十分明显的区别。他确信"黑白熊"是一种新属，遂命名为"大熊猫"。

回顾 2006 年 7 月 12 日，联合国第 30 届世界遗产大会在立陶宛首都维尔纽斯召开，当日"四川大熊猫栖息地"被列入世界自然遗产名录，从此大熊猫的故乡便是雅安，每年 7 月 12 日确定为"雅安大熊猫栖息地世界自然遗产生态保护日"。为了向世界各国介绍大熊猫的历史文化，2007 年 8 月 24 日，国务院新闻办五洲传播中心摄制组到宝兴拍摄大熊猫世界文化遗产奥运会专题片，力求通过国内外的媒体在北京奥运会期间向国外播放，并制作多种音像制品，在奥运会场馆展示和交流，让全世界更好地了解中国文化。当时，我与摄制组一行跋山涉水，在宝兴邓池沟天主教堂、硗碛藏族乡泥巴沟和蜂桶寨国家级自然保护区取景，完成了专题片的主要拍摄。17 分钟 21 秒的专题片从多个角度向世人展示了四川大熊猫栖息地的基本情况，介绍了发现大熊猫的历史过程，以及野生大熊猫和人工繁育大熊猫的生存现状和保护大熊猫所取得的成就。

2008 年初，专题片《中国的世界遗产之四川大熊猫栖息地》制作完成。在收到摄制组寄的光碟后不久，四川突发"5·12"汶川特大地震，全国沉浸在一片悲痛之中，这使在当年 7 月 12 日与宝兴群众见面的播放计划被迫搁置。直到 2011 年 7 月 12 日，四川大熊猫栖息地成功申请"世界自然遗产"五周年纪念日那天才正式播放，同时 19 日举办了"第四届中国·雅安国际熊猫·动物与自然电影周"。

附 录

团队简介

农道（北京）建筑设计事务所有限公司

成立于2011年，是国内最早进行专业乡建领域实践探索的团队之一，为"绿十字"核心专家团队。总指导孙君老师，主持建筑师柳建。

"农道（北京）"自成立以来，秉承业界先辈所创办"营造学社"之理念，努力探研中国传统文化体系，尊重自然与人的基本规律。通过多年来的业务实践，在乡村建设、旧城保护与改造、古村落激活等领域，均有着非常独到的见解，并逐步形成了从规划设计、公众参与、施工把控到垃圾分类、品牌设计、内置金融等软件参与的系统乡建全过程服务；同时也具备了"一张蓝图绘到底"的落地性规划、陪伴式乡建的特点。通过一个个落地实施的项目，使我们的方法得以不断调整和印证，确保了项目的完整性、统一性和落地性。

资源有限，设计无限。努力把每一个项目做好，认真对待每一次实践的机会，我们感受和体会创作中的快乐，我们理解并构建想要的生活。

近期项目：

山东菏泽市单县美丽乡村重点项目

河北沧州市南皮县面貌提升重点项目设计工程

湖北仙桃市环排湖村庄建筑设计项目

湖北屈家岭考古遗址公园规划建设项目

湖北钟祥市嘉靖公园规划建设项目

设计师简介

柳建

国家一级注册建筑师、高级工程师、文物保护设计工程师

九三学社社员

北京市评标专家

清农学堂主讲导师

中国人民对外友好协会中国欧盟协会国际合作中心副秘书长

2015 年中国年度设计人物

目前，任职于农道（北京）建筑设计事务所有限公司，主要从事乡建领域的探索与实践。项目特点是注重系统乡建与规划落地。参与设计的河南郝堂村作为美丽乡村的代表被《新闻联播》和《人民日报》报道；主持设计的四川雪山村项目和戴维村项目由于融入了产业规划并成功实现盈利，被雅安市政府在当地灾后重建项目中推广学习；主持设计的湖北太子小镇项目被国家林业局作为林场改革示范点，在全国林业系统中推广学习。

代表项目：

湖北太子山林场太子小镇核心区建设规划项目（获 2016 年中国十大乡建探索奖）

安徽马鞍山濮塘老街建设改造项目（获 2016 年中国十大乡建探索奖）

四川雅安雪山村"4·20"地震灾后重建项目（获 2014 年度"全国魅力村镇"称号）

四川雅安戴维村"4·20"地震灾后重建项目

河南信阳郝堂村建设项目（2013 年，郝堂村被住建部列入全国第一批 12 个"美丽宜居村庄示范"名单，被农业部确定为全中国"美丽乡村"首批创建试点乡村）

"绿十字"简介

"绿十字"作为一家民间非营利组织，成立于2003年。十多年来，"绿十字"秉承"把农村建设得更像农村""财力有限，民力无限""乡村，未来中国人的奢侈品"的理念，开展了多种模式的新农村建设。

项目案例：

湖北省谷城县五山镇堰河村生态文明村建设"五山模式"

湖北省枝江市问安镇"五谷源缘绿色问安"乡镇建设项目

湖北省广水市武胜关镇桃源村"世外桃源计划——乡村文化复兴"项目

湖北省十堰市郧阳区樱桃沟村"樱桃沟村旅游发展"项目

河南省信阳市平桥区深化农村改革发展综合试验区郝堂村"郝堂茶人家"项目（郝堂村入选住建部第一批"美丽宜居村庄"第一名）

河南省信阳市新县"英雄梦·新县梦"规划设计公益行项目

四川省"5·12"汶川大地震灾后重建项目

湖南省怀化市会同县高椅乡高椅古村 "高椅村的故事"项目（高椅村入选住建部第三批"美丽宜居村庄"）

湖南省汝城县土桥镇金山村"金山莲颐"项目

河北省阜平县"阜平富民，有续扶贫"项目

河北省邯郸县河沙镇镇小堤村"美丽小堤·风情古枣"全面软件项目（小堤村项目被评为"2016年中国十大最美乡村"第一名）

"绿十字"在多年的乡村实践过程中，非常重视软件建设，包括乡村环境营造（资源分类、处理技术引进、精神环境净化），基层组织建设（党建、村建、家建），绿色生态修复工程（土壤改良、有机农业、水质净化、污水处理），村民能力提升（好农妇培训、女红培训、电商培训、家庭和谐培训），扶贫产业发展（养老互助、产业合作、教育基金，扶贫项目引入），传统文化回归（姓氏、宗祠、民俗、村谱），乡村品牌推广（文创、度假管理），美丽乡村宣传（通讯、微信、网站、书刊、论坛、大赛、官媒）等。从2017年起，"绿十字"乡村建设开始运营前置与金融导入，进入全面的"软件运营"时代。

致 谢

　　项目实施历时两年多，在此期间得到了各方人士的支持和帮助，最终，此项目顺利完成。在这里特别感谢孙君老师，他精准的定位和自成体系的乡建理论指导着设计团队不断前行。感谢孙晓阳主任，她率领志愿者深入余震不断的灾区，进行实地调研，编写资料，为后期培训和运营奠定了良好的基础。感谢廖星臣老师，他对戴维村初期合作社的成立提出了宝贵的建议。感谢北京"绿十字"团队，在项目实施过程中付出了极大的心血，并且一直协助戴维村干部进行宣传和推广。最后，感谢参与戴维村项目建设过程的所有村民，他们重建家园，以大局为重，不计较个人得失，优质、圆满地完成了各家各户的重建任务。

特别鸣谢单位：

四川省雅安市宝兴县人民政府

中国扶贫基金会

恒大集团

柳建

图书在版编目（CIP）数据

　　把农村建设得更像农村. 戴维村 / 柳建著. —— 南京：
江苏凤凰科学技术出版社，2019.2
　　（中国乡村建设系列丛书）
　　ISBN 978-7-5537-9854-7

　　Ⅰ. ①把… Ⅱ. ①柳… Ⅲ. ①农业建筑－建筑设计－
雅安 Ⅳ. ①TU26

　　中国版本图书馆CIP数据核字(2018)第275757号

把农村建设得更像农村　戴维村

著　　　者	柳　建	
项 目 策 划	凤凰空间／周明艳	
责 任 编 辑	刘屹立　赵　研	
特 约 编 辑	王雨晨	

出 版 发 行	江苏凤凰科学技术出版社
出版社地址	南京市湖南路1号A楼，邮编：210009
出版社网址	http：//www.pspress.cn
总 经 销	天津凤凰空间文化传媒有限公司
总经销网址	http：//www.ifengspace.cn
印　　　刷	北京市雅迪彩色印刷有限公司

开　　　本	710 mm×1 000 mm　1／16
印　　　张	8
版　　　次	2019年2月第1版
印　　　次	2023年3月第2次印刷

标 准 书 号	ISBN 978-7-5537-9854-7
定　　　价	58.00元

图书如有印装质量问题，可随时向销售部调换（电话：022-87893668）。